100

SCIENCE
DISCOVERIES
that changed the world

改变世界的100个
科学发现

[英]科林·索尔特 著 舍其 译

中信出版集团|北京

图书在版编目（CIP）数据

改变世界的100个科学发现 / (英) 科林·索尔特著；
舍其译. -- 北京：中信出版社, 2023.2
书名原文: 100 SCIENCE DISCOVERIES that changed
the world
ISBN 978-7-5217-4703-4

Ⅰ.①改… Ⅱ.①科… ②舍… Ⅲ.①自然科学史—
世界—少儿读物 Ⅳ.①N091-49

中国版本图书馆CIP数据核字（2022）第161447号

100 SCIENCE DISCOVERIES that changed the world by Colin Salter
First published in Great Britain by Pavilion
An imprint of HarperCollinsPublishers Ltd
1 London Bridge Street
London SE1 9GF
Copyright © Pavilion 2021
Simplified Chinese translation copyright © 2023 by CITIC Press Corporation
ALL RIGHTS RESERVED

本书仅限中国大陆地区发行销售

改变世界的 100 个科学发现

著　者：[英] 科林·索尔特
译　者：舍其
出版发行：中信出版集团股份有限公司
　　　　　（北京市朝阳区东三环北路 27 号嘉铭中心　邮编　100020）
承 印 者：北京尚唐印刷包装有限公司

开　本：889mm×1194mm　1/16　　印　张：14.25　　字　数：486 千字
版　次：2023 年 2 月第 1 版　　　印　次：2023 年 2 月第 1 次印刷
京权图字：01-2022-5182
书　号：ISBN 978-7-5217-4703-4
定　价：88.00 元

出　品　中信儿童书店
图书策划　红披风
策划编辑　陈瑜
责任编辑　李银慧
营销编辑　易晓倩　李鑫橦　高铭霞
装帧设计　棱角视觉

引言

科学史是一段以科学发现为里程碑来衡量的历史。每一块新的里程碑，都让科学家得以进一步增加人类知识的总和。牛顿曾有言："如果说我能看得更远，那也是因为我站在巨人的肩上。"

美国科幻作家弗兰克·赫伯特说："知识的开端，就是发现有些东西我们不了解。"理解我们周遭的环境，是人类能生存下去的前提。智人是一个好奇心很强的物种，正是科学家寻根究底的好奇心带来了发现，推动了已知世界的边界，给混乱带来了秩序。

首先我们需要区分一下发现和发明。发现纯科学的法则或定律，跟利用这一知识来改变世界，大为不同。没有比海因里希·赫

兹更好的例子了：他证明了无线电波确实存在，但想不到它能够用来干什么。发明是对发现的运用，阐述这个主题需要另外写一本书。而这本书，精选了100项历史上的重大发现，那些由科学界最敏锐、最有好奇心的头脑得出的发现。

历史往往会记住发现者，而不是发明家。这对发明家来说似乎有些不公平，但如果在大街上随便问一个人，叫他说出五个著名科学家的名字，他脱口而出的很可能就是那些在科学认识上取得突破的人：发现了镭的居里夫人，提出了三大运动定律的艾萨克·牛顿，发现了青霉素特性的亚历山大·弗莱明，而爱因斯坦、伽利略和路易·巴斯德，等等，也肯定会身在其中。

本书包罗了他们这些人，从欧几里得开始，是他把几何学编纂成典，这是人类第一次尝试量化自己周围的世界——"几何学"这个词，在古希腊语中原本就是"土地测量"的意思。通过测量和分类在混乱中找到秩序，这种强烈的愿望就是科学跳动的心脏。等待我们发现的也许是一份元素列表，也许是对

左图：亚瑟·爱丁顿于1919年拍摄的日全食照片，推动了很多科学领域向前发展。

不同血型的认识，也有可能是超导体的熔点。但如果有人想知道，为什么有些材料会燃烧，为什么有时候输血会失败，或如果让某种气体凝固会发生什么，他们就是走向了知识的开端，迈出了发现之旅的第一步。

妙手偶得

并非所有伟大的科学家都能找到他们想找的东西，但非常优秀的科学家会注意到异常现象并穷追不舍。亚历山大·弗莱明就是个很好的例子，那一年在准备休年假之前，他一直在研究细菌。临走前他把自己的培养皿都清理到了一边，好让同事有地方干活儿。过了两周他回来时，发现霉菌"污染"了自己其中的一个培养皿，杀死了他一直在培育的细菌。

他从这种霉菌中提取的青霉素，是第一种抗生素，它的发现后来改变了世界。但亚历山大·弗莱明始终对自己作为青霉素发现者的名声谦抑有加——他自己称这一发现为"弗莱明

效应"。确实，整个这件事就是因为培养皿盖子没盖，细菌全暴露在空气中，而后偶然发现了青霉素，但研究过"偶然发现"这个问题的科学家可不止一个。最早分离出维生素C的匈牙利生物化学家圣捷尔吉·阿尔伯特曾说："当偶然遇到有准备的头脑时，就有了发现。"

英国曼彻斯特大学的安德烈·海姆曾说："偶然从来都不是偶然发生的。"2004年，他和康斯坦丁·诺沃肖洛夫一起发现了神奇材料石墨烯的特性。"优秀的科学家会营造环境，让这种偶然尽可能多地发生。"也就是说，只有在正确的地方、有正确的心态，才能从"正确"的错误中得出发现。

右图：巴斯德的一些原始设备，现展示在法国巴斯德研究所的巴斯德博物馆。

站在巨人的肩上

多亏了弗莱明的"偶然"，青霉素及其他抗生素已经挽救了地球上数亿人的生命。但如果没有安东尼·范·列文虎克，弗莱明的"偶然"也不可能出现：这位17世纪的荷兰布匹商人对显微镜极为痴迷，并因此发现了细菌。遗传学先驱亨利·哈里斯也说过："没有弗莱明就没有钱恩（发现了青霉素的分子特性），没有钱恩就没有弗洛里（最早将抗生素用于治疗），没有弗洛里就没有希特利（发现了量产青霉素的方法），而没有希特利，就没有青霉素。"

科学家要以前人的发现为基础，才能得出自己的发现。还有一位叫作艾萨克·阿西

上图：阿尔伯特·爱因斯坦，摄于1921年，他的名字成了天才的代名词。不过他也并非事事正确，他曾质疑过大爆炸宇宙论，这还是能给我们普通人些许安慰的。

下图：威廉·伦琴在用克鲁克斯管（一种高真空放电管）做实验时，意外发现了X射线。

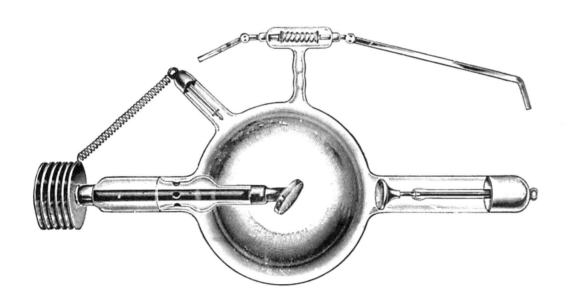

莫夫的科幻作家也曾指出："科学中的发现，无论有多么翻天覆地，无论有多么独到的洞察力，无一不是源于之前的发现。"科学家总是需要仰仗前人奠定的基础。即使是最让人费解的物理学分支——量子理论，也是两千年来发现的一系列科学定律的最终结果，这些科学发现用来解释地球上发生的事情还算胜任，但并不足以解释宇宙现象。

现在的科学世界越来越错综复杂，科学家也越来越需要借助同时代人的工作，有的是跟他们并肩工作的同僚，有的是互相切磋琢磨的同好。而满腔热情的业余爱好者，比如列文虎克，凭借在商店后面捣鼓一台显微镜就能改天换地的日子，已经一去不复返了。到 18 世纪末时，科学研究工作开始成为一门职业——发现了天王星的威廉·赫歇尔被任命为英国国王乔治三世宫廷中的皇家天文学家后就开始领取薪俸。他的妹妹卡罗琳·赫歇尔是他的助手，曾发现了多颗彗星，当她于 1787 年开始领取津贴时也成为第一位专职的女科学家。

上图：居里夫人和她的女儿伊雷娜·约里奥-居里。小居里夫人和她的丈夫弗雷德里克因为发现了人工放射性，获得了 1935 年的诺贝尔化学奖。居里夫人母女二人的成功，证明了成百上千年来限制女性在科学领域接受教育、发挥作用是多么的愚蠢。

21 世纪的科学发现

今天，科学发现更有可能由科学家团队得出。因为，为了让它们在正确的地方"偶然"被发现，往往需要投入数百万美元的资金，而人们期望从这些"偶然"中得到的商业回报也是同样的量级。跟人类孜孜以求的所有领域一样，如今科学研究也是全球性的，而且往往需要通力合作。其中最为明显也值得称道的例子，莫过于为了尽快研发新冠肺炎病毒疫苗全球科学家通力合作而做出的努力。新冠肺炎病毒已经夺走了全世界数百万人的生命，尽管希望因为研发疫苗而得到回报的是大型制药公司，但做出发现的却是科学家团队。而人类，是真正的胜利者。

科学发现的历史还在继续大踏步前进。在写作本书时，位于日内瓦附近的欧洲核子研究中心大型强子对撞机（希格斯玻色子就

上图：欧洲核子研究中心（CERN）大型强子对撞机上的"紧凑型缪子线圈"探测器设备，位于瑞士日内瓦附近，用于研究质子对撞的结果。

是在这里最终确认的）的工作人员，发现了一种粒子（B介子）身上不合常规的表现，而美国费米国家加速器实验室的一些研究人员也观察到，另一种粒子（muon，即缪子）在特定条件下存在反常行为。我们这个世界还在为理解量子理论孜孜以求，然而这两大发现也许预示着，粒子物理学还有一种全新的阐释方式。

另有消息称，人工智能（AI）已经解决了一个困扰了生物学研究人员 50 年之久的难题。伦敦著名的 DeepMind（直译为"深思"）实验室开发的人工智能程序 AlphaFold，发现了蛋白质如何自行折叠为复杂的三维结构。蛋白质折叠机制是生命过程的核心内容，理解了这个机制，对于营养学和药物学，对于疾病治疗以及如何养活这个世界，乃至如何利用绿色酶来消除人类给这个世界带来的部分污染等，都有莫大的好处。

荣耀归于谁

当然，如果没有弗雷德里克·桑格发现胰岛素是由氨基酸组成的长链的序列，就不会有 AlphaFold 发现蛋白质折叠机制，而桑格的发现以莱纳斯·鲍林的见解为基础，是他预见了蛋白质的二级结构。鲍林是进一步发展了威廉·卡明·罗斯的思想，罗斯所进行的工作是由托马斯·伯尔·奥斯本开创的，而奥斯本需要好好感谢荷兰化学家格哈杜斯·约翰内斯·米尔德，因为是他最早定义了蛋白质。

但是米尔德所定义的对象，早就由法国化学家安东尼奥·弗朗索瓦·富克鲁瓦率先提出。那么，从富克鲁瓦到 AlphaFold，荣耀究竟应该归于谁呢？

咱们说回青霉素的例子，弗莱明会因为发现青霉素永远青史留名。但是，民间医术中用真菌来治病，不说数千年，至少也有数百年的历史了。19 世纪晚期，阿拉伯的马童就知道往马腿的疮上涂霉菌，古埃及的医师也曾用真菌和植物来治疗感染。

科学家通过数千年的科学探索，已经对这个世界上的许多现象都有了一定的认知。今天的科学家会获得新发现的领域，都是一些更难抵达的地方，比如遥远的星系，邻近的行星，或亚原子粒子层面的探索等。在我们这个星球的大洋深处，以及我们复杂难解的大脑中，还有很多东西有待发现，如果我们想在地球上生存下去，也还需要在捕获约瑟夫·布莱克所谓"固定空气"（二氧化碳）方面继续努力。

下图：火星表面的美国国家航空航天局（NASA）毅力号火星探测器以及机智号火星直升机。2021 年 2 月 18 日，毅力号成功着陆火星，开始寻找古代微生物的生命迹象。

目录

上图：哈勃空间望远镜，因为没有背景光和大气干扰，科学家得以从 1990 年 4 月 24 日开始借此探索太空深处。它的继任者韦布空间望远镜，已于 2021 年 12 月发射升空。

欧几里得

(约前 330—前 275 年)

几何学

史前人类也许从来没有用过什么词来指称几何学，但他们已经在采用几何学的形式来标记陆地上的景观，追踪天空中天体的运动。公元前 3 世纪，有个古希腊人掌握了几何学规则，就此界定了这门科学。

几何学关注的是物体的形状——物体的角度和线条、直线和曲线，以及这些元素之间的关系。几何学可以用来计算距离、面积和体积，这三个维度定义了我们这个世界。这门数学科学的起因，就是我们想要理解周遭环境的本能欲望。"几何"一词来自古希腊语中意为"土地"和"测量"的词，陆地景观中史前建筑如何排列，就是我们祖先运用几何学的一个例子。

到公元前 3 世纪，南亚次大陆和古希腊的数学家，已经创立了极为先进的几何思想。其中一位数学家——亚历山大里亚的欧几里得，把所有这些想法汇集起来融为一体，用了一个新名称——几何学来统摄这一切。古埃及的亚历山大里亚是当年的一座新城、港口城，由亚历山大大帝在约公元前 332 年始建，也是以他的名字命名的众多城市之一。这座城市成了当时的学术中心，有当时世界上最大的图书馆，亚历山大灯塔是世界七大奇迹之一，这座城市也因为图书馆和灯塔等建筑而闻名于世。欧几里得就是在这个海纳百川的大城市中脱颖而出的。

公元前 300 年左右，欧几里得将他的数学知识结集为 13 卷的《几何原本》出版。由专业的抄写员抄出的副本使得他的思想传播到已知世界的每一个角落，现存最古老的手抄本制作于 900 年左右。

《几何原本》前 6 卷讲的是平面几何，也就是三角形、矩形、圆形和多边形，角度和比例，以及如何构造黄金分割等相关知识。接下来的 4 卷讨论数论，包括素数、完全数、数列、最大公因数和最小公分母等概念。最后 3 卷回到几何学，从平面几何进入立体几何，考察了圆锥、棱锥、圆柱和柏拉图立体（正多面体，也就是各面均为全等正多边形的立体图形，正四面体和正方体就是简单的例子）。欧几里得书中所有的例证图，都只需要圆规和直尺就能画出来。

《几何原本》最早的印刷版本出现于 1482 年，据估计，这本书也是历史上继《圣经》之后被研究和翻译得最多、传播最广泛的出版物之一。一直到 20 世纪初，几何学都几乎仍然由《几何原本》界定，这也让欧几里得获得了"几何学之父"的称号。

但关于欧几里得的生平，我们所知甚少。他的名字本身只是"名人"的意思。他最早

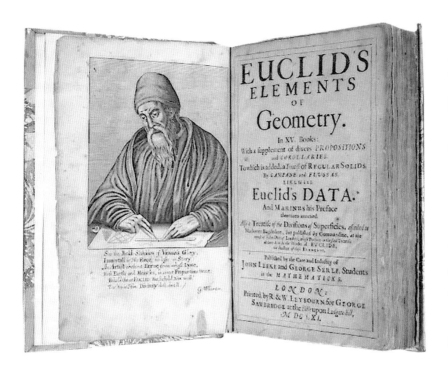

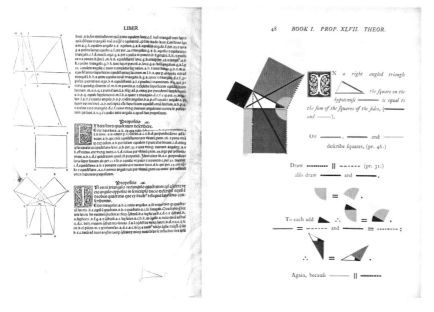

的传记写于他作古好几个世纪之后，而且很可能出于杜撰。很多古希腊科学家，包括在他去世后十几年出生的阿基米德，都承认自己从他那里获益良多。他的著作不仅是几何学家的案头必备，许多受过教育的人也都视之为必读书目。亚伯拉罕·林肯还在学习当律师的时候就会随身携带一本《几何原本》，因为欧几里得的数学证明中的逻辑，放之四海而皆准。

上两图：据统计，自 1482 年以来，欧几里得的这部著作已经印制了上千个版本，而数个世纪以来，该书也一直是所有大学生的必读书目。该书是古希腊最伟大的数学家集体成就的提纲挈领之作，同为科学家的哥白尼、开普勒、伽利略和牛顿，都表示自己受到了该书的影响。

阿基米德

（前 287—前 212 年）

圆周率

圆周率 π 是圆的周长与其宽度（直径）之间的比值，也是圆的面积与半径平方之间的比值。圆周率是一个常数，也就是说无论圆的直径和周长是多少，π 都始终是同一个数值。但千百年来，该数值都没有精确计算出来。

在精确的数学世界中，π 始终是一个定值，却永远不可能准确地写出这个数值，实在是让人大伤脑筋。用数学语言来说就是，π 是个无理数，无法表示为简单的分数，比如说 22 除以 7 之类的。它无论计算到小数点后多少位，后面都还有更多的位数有待计算。这个数值也无法写成循环小数，比如 10 除以 3 就是 3.333 3……这样，3 会重复出现。π 的前 50 位小数是：3.141 592 653 589 793 238 462 643 383 279 502 884 197 169 399 375 10。

巴比伦人四千年前就已经知道这个常数了，那时候留下来的一块泥板上显示，他们估算的 π 值是 25/8，也就是 3.125，非常接近真实值。一份同时代的古埃及莎草纸文献

上图：18 世纪的一幅阿基米德的肖像画，朱塞佩·诺加里绘。

则称 π 值是（16/9）^{2}，也就是 3.160 5，则更加接近。到了公元前 4 世纪，有份印度文献将这个数值精确到 339/108，也就是 3.139，跟今天我们在课堂上用到的近似值 3.14 比起来，可以说只是毫厘之差了。

公元前 250 年前后，伟大的古希腊数学家阿基米德想出了进一步精确计算圆周率的方法。因为，多边形各边都是直线，其周长计算起来要比算圆的周长容易得多。所以，阿基米德在圆里面内接了一个正六边形，又在外面外切了一个正六边形，并比较这几个图形的周长，圆的周长肯定介于这两个正六边形之间。多边形的边越多，其周长就越接近圆。最后阿基米德一直算到了 96 边形，得出的 π 值介于 223/71 和 22/7 之间，误差只有 0.002 1 左右。[1]

---

1 魏晋时期中国古代的数学家刘徽用"割圆术"算出的圆周率为 3.141 6，5 世纪中国南北朝时期的数学家祖冲之计算出的圆周率则精确到了小数点后 7 位，并给出了 355/113 的密率，这是远远超过阿基米德的数学成就的，直到一千年后的 15 世纪才由阿拉伯数学家阿尔·卡西以小数点后 17 位的有效数字打破了此项纪录，西方国家也是直到 16 世纪才有人得出同样的比值。——译者注

阿基米德是当时非常伟大的数学家。除了圆周率，他也研究过微积分，并建立了计算球体表面积和不那么规则的几何图形（比如抛物线和椭圆）面积的方法。他还把自己的理论用于实践，设计了复杂的滑轮系统，并改进了一种从河流中抽水灌溉的装置，做成了著名的螺旋抽水机。今天，阿基米德式螺旋抽水机仍然应用在各种地方，比如污水处理厂和巧克力喷泉等处。

在西方，1630 年这一年，奥地利几何学家克里斯托夫·格林伯格运用同样的多边形法，算到了 π 值小数点后 38 位。17 世纪末，英国数学家亚伯拉罕·夏普用无穷级数将圆周率算到了小数点后 71 位，此后不到 7 年，另一位英国人约翰·梅钦就将此数值突破至小数点后 100 位。

在这里也可以提一下威廉·尚克斯，这个悲情的英国业余数学家，在 19 世纪中期花了 15 年左右，把圆周率算到了小数点后 707 位。他死后人们发现，他从第 528 位起就算错了，后面的当然也就一路错了下去。但是，就算把他的纪录缩减到第 527 位，也一直要到 70 多年后的计算机发明之后，这个纪录才被打破。

上图：英国泰晤士河上为温莎城堡供电的罗姆尼堰坝水电系统，采用了阿基米德螺旋泵来产生电力。

上图：用于灌溉的阿基米德式螺旋抽水机，教科书插图。

上图：描述阿基米德之死的镶嵌画——锡拉库扎城被攻破后，阿基米德死于古罗马士兵之手。

埃拉托色尼

（约前 276—前 194 年）

地球的大小和形状

古希腊人运用他们的观察能力和逻辑推理能力，想明白了地球是个球体（或者说得更准确点，是个有点扁的球体）。还有一位古希腊人，极为精确地算出了地球的周长。

伟大的数学家毕达哥拉斯是最早提出地球必定为球体的人。公元前 6 世纪，这位数学家对地球与太阳和月亮之间的周期循环关系感到十分困惑，而把地球解释为球体，是他能想到的最佳解释。三个世纪之后他的古希腊思想家同行才赶上他的步伐。

公元前 240 年左右，一个名叫埃拉托色尼的人被任命为亚历山大图书馆的馆长。埃拉托色尼来自古希腊在非洲北部的殖民地昔兰尼（如今是利比亚的一部分），而古希腊城市亚历山大里亚的这座图书馆，是当时世界上最大的图书馆。因此，埃拉托色尼得以借助毕达哥拉斯的地圆说理论、世界各地的观测结果以及欧几里得刚刚界定的几何学，来回答一个大哉问：我们栖身其上的这个球体究竟有多大？

通过比较不同地点正午时分太阳的仰角，埃拉托色尼得出了地球的周长。这两个不同地点之间的距离是已知的，商队每年都在这条路上来回奔波。根据数学定律和测量结果，他算出的答案是 252 000 个视距。视距是古希腊的标准测距长度，一个视距就是一个体育场的周长。不同的古代体育场周长有所不

同，但即便如此，埃拉托色尼的结果还是精确到了跟真实值（约 40 000 千米）的误差在 2% 以内。

有了地球周长作为武装，他开始界定已知世界，最后以三部曲的形式发表了他的研究结果。他并不是世界上最早绘制地图的人，但这些成就还是给他带来了"地理学之父"的称号。他绘制的地图上有 400 个城市，任意两个城市之间的距离现在都可以测量出来了。他在地图上叠加了网格，还发明了早期的经度和纬度。根据气候，他把整个世界分成五大地区，分别是两极、两个温带地区和赤道附近的热带地区。将整个已知世界以合理、精确的形式完整地呈现出来，这还是人类历史上的第一次。

这样的成就并没有令埃拉托色尼心满意足。他还测量了日地距离和地月距离，结果也相当准确。他计算出一年的长度为 365 天，每四年有一次闰年，用来纠正其中的误差。仍然是在时间这个领域里，他还尝试过编写一份准确的历史年表。在他那个年代，洗劫特洛伊的故事只是一个古老的传说，被神话和浪漫色彩重重包裹。他推断特洛伊战争大约发生在公元

前 1183 年，而现代考古学估算的是在公元前 1260 年到公元前 1180 年之间的某个时期。

埃拉托色尼著作等身，但他的作品悉数毁于兵燹，没有一部幸存下来：几场大火，将亚历山大图书馆的馆藏摧毁殆尽。如今，我们只能通过其他作家引用的只言片语，以及他们向埃拉托色尼致敬的颂词中，来了解他的成就了。

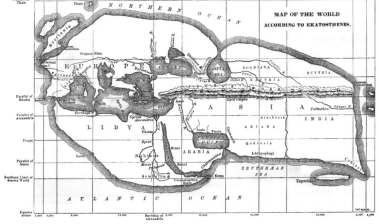

上图：尼罗河象岛上，古希腊数学家埃拉托色尼当年用于测量的井。借助这口井，他得以精确地计算出一年中不同日期太阳的仰角。
右图：公元前 194 年埃拉托色尼绘制的世界地图，于 19 世纪重制。

塞琉古

（约前 190—约前 150 年）

月球对潮汐的影响

　　塞琉西亚的塞琉古耐心观察潮汐变化多年之后，才得出潮汐会受月球影响的结论。尽管对于这个过程的机制理解有误，但他总结出来的原因是对的。

　　对于生活在沿海地区的人来说，了解潮汐至关重要。水手必须知道什么时候在浅水区航行是安全的，什么时候的潮汐流最强；不在海上的人则需要知道什么时候潮水会异常的高，如果跟暴风雨结合在一起，就会淹没庄稼和房屋。

　　在一年的时间里每天观察和记录潮汐的情况，尽管耗时耗力，倒也挺简单——一天当中两次涨潮和两次退潮的现象很容易就能掌握，即便没有日历在手也很容易就能看出，满月和新月跟大潮会同时发生，也就是说这时候的潮差要比别的时候更大。塞琉古认为这个现象不只是巧合，一定有什么科学解释。

　　塞琉古所生活的海岸要么是位于今天伊朗西南方的波斯湾，要么就是位于阿拉伯半岛西南边缘的红海（厄立特里亚海）——他的家乡塞琉西亚究竟在哪里，被认为的两个地方一直争执不下。他还采用了其他地区的潮汐记录来让自己的观测更加完整。他注意到，世界上不同地方的潮汐千变万化，而且还会受到月球与太阳的相对位置的影响。他将潮汐现象归因于月球的引力。

　　塞琉古认为，地球在绕着自己的轴旋转，同时也在绕着太阳转，这个见解无疑是正确的。但有一个细节他搞错了。他用月球与自转着的地球之间产生的风来解释潮汐的变化。尽管这样的风并不存在，但用"后见之明"来说这是指万有引力，或者指地球与月球和太阳之间相对位置变化的一种比喻说法也未尝不可。

　　现在我们知道，月球的引潮力大约是太阳的两倍，因此在月球、地球和太阳成一条直线的时候，也就是满月和新月的时候，潮水受到的牵引力会增加 50% 左右，满潮时极高的大潮就这样产生了。影响潮水高低的其

右图：卢克·杰拉姆的作品"月球博物馆"，在 2019 年人类首次登月 50 周年之际，在英国多切斯特的谷物交易中心展出时吸引了大量观众。

他因素还有 150 个左右，包括海床和海岸线的形状等。每天两次潮汐的总时长约为 24 小时 50 分钟，因此每次满潮的时间会比前一天的延后 50 分钟的样子。

塞琉古认为地球绕着太阳转。他所秉持的日心说，对于他如何理解潮汐至关重要。如果他相信地球是宇宙中心，恐怕就想不出来该怎么解释潮汐了。哲学家普鲁塔克（约46—约 120 年）说，塞琉古是第一个用逻辑来证明日心说的人，这个结论要归功于他对行星的细心观察。

人们认为塞琉古是借用了较新的几何学和三角学方法才得出自己的太阳系模型，因此就跟牛顿以及所有科学家一样，塞琉古很可能会说："如果说我能看得更远，那也是因为我站在巨人的肩上。"新的科学理论建立在旧的科学理论的基础上。

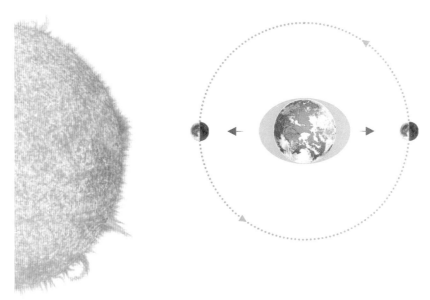

上图：如图所示，太阳、地球和月球成一条直线（满月和新月）时，大潮（满潮和干潮之间潮差最大的情形）就出现了。
左图：塞琉西亚城废墟。

托勒密

（约 90 年—168 年）

行星运动定律

托勒密对恒星和行星加以数学分析形成的宇宙模型，过了约 1200 年才被取代。这个模型是他至少潜心研究 25 年的产物，也是现存最古老的天文学集大成之作。

托勒密一直生活在成为罗马帝国领土后的亚历山大港。尽管他名字中的名是古罗马式的，但他的姓（克劳迪乌斯）表明他们家可能早在当地还属于古希腊时，就已经在这里定居了。他用古希腊语写作，而不是拉丁文。我们对他的生平所知甚少，但对于他的毕生心血，我们的了解倒是相当多。

托勒密著述颇丰且涉猎甚广，他在地理学、光学及和声学（也就是关于音乐的数学）等科学领域

上图：托勒密手持天球仪的肖像画，尤斯图斯·凡·根特和佩德罗·贝鲁格特绘于 1476 年。

均有涉足。他的作品通过副本或译本留存了下来，有些还是在他死后数百年才制作出来的，这充分证明了他的知识多有深度，以及对追随他的学者的影响有多深远。

他最大的贡献是在天文学领域的研究，这些内容结集成书后叫作《天文学大成》。随着时间的推移，这本书渐渐被叫成了"伟大

的数学书"，阿拉伯语中"最伟大的"一词写作 "al-majisti"，于是就有了今天我们看到的书名：Almagest（直译应为"至大论"，中文通常译为《天文学大成》）。

按照 1515 年的一个拉丁文译本来看，《天文学大成》由 13 卷或者说 13 本"书"组成，各卷按主题划分，主题包括太阳、月球、恒星、星座、日食、一天和一年的长度等。第 1 卷展现了托勒密的宇宙观。他秉持地心说，也就是说他认为地球是万物的中心，是被天球包裹起来的球体。这个看法并不对，但这么去假设其实很自然。尽管偶尔也会出现与之相左的看法，但一直要到哥白尼证明太阳才是中心之后，地心说才终于让位给日心说。

托勒密的观测并没有因为受到地心说的影响就没那么严谨了。《天文学大成》是他至

少 25 年肉眼观星的结果，在望远镜发明以前，也一直都是这个领域最权威的研究成果。书中有一份星表，列出了 1022 颗恒星，按他的说法，"但凡能辨认出来的恒星都已列入"，也记载了地球上他所在的位置能看到的 48 个星座。

托勒密采用了古希腊数学家喜帕恰斯建立的三角学方法，绘制出恒星和行星的位置。喜帕恰斯本人也是天文学家，发现岁差就是他的功劳，也就是说，是他发现了地球自转轴的角度会变。托勒密在发表自己的观察结果时也考虑了岁差，并制定了一份年表，用来预测未来恒星的位置。接下来的约 1400 年里，这本方便实用的指南一直都是欧洲天文学家奉为圭臬的标准参考书。托勒密的集大成之作，成了后来所有宇宙学发现比较的基准。

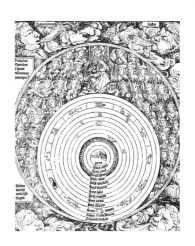

上图：托勒密的太阳系模型木刻版画，出自哈特曼·舍德尔（1440—1514 年）《纽伦堡编年史》。
下图：托勒密的世界地图，根据托勒密的《地理学指南》（约 150 年）重绘。这部著作的文本流传了下来，但原来的地图均不存在了。

11

奥马·海亚姆

（1048—1131 年）

日历年的长度

海亚姆今天最知名的是他的诗歌，由菲茨杰拉德于 1859 年翻译成英文的《鲁拜集》[1]。科学史学者记住他，则更多的是因为他算出来的日历年的长度极为精确。

奥马·海亚姆中的海亚姆，在波斯语里的意思是"造帐篷的"。我们不知道他是不是造帐篷的，但如果真是，就能解释海亚姆的几何和代数能力为什么那么强了：就算是最简单的帐篷，设计出来并把不同的块儿拼到一起，都需要对形状、角度和尺寸有相当程度的了解。

在海亚姆的有生之年，他因为自己的数学著作而闻名于世。他试图把代数和几何这两个明显不同的学科统一起来，他也是最早详细阐述欧几里得的几何论著《几何原本》的思想家之一。他写道："代数和几何表面上看有所不同，但我们不用特别留意就会发现代数就是几何的事实，《几何原本》第 2 卷的命题五和命题六都可以证明。"海亚姆证明了欧几里得的平行公理，他也是最早研究三次方程的人之一，还第一次用几何方法求出了三次方程的解。

上图：天文学家、诗人海亚姆有很多雕像，图中的这座位于伊朗的设拉子市。

他生活在今天伊朗的东北部地区，他的名声引起了塞尔柱帝国的苏丹马立克沙一世的注意。1074 年，苏丹聘请他在伊斯法罕建造一座天文台，并重新校正波斯历。

波斯历算得上是人类历史上最古老的对时间的记录之一。最早的雏形可能出现在三千多年前，现存最古老的形式则可以追溯到公元前 5 世纪。这种历法会定期修正，而修历都是出于政治或气候变化的原因，再不就是因为闰年设置得不对。海亚姆的时代用的历法上一次的修订是在 895 年，到 1079 年时，已经有了 18 天的误差。

海亚姆与 8 名天文学家组成的团队一起合作，细心观测天体运行的周期。到 1079 年，他推出了贾拉利历（皇家历法）。他把一年的开始和日历年的起点都放在春分（通常是 3 月 21 日）这一天，过去这两件事情都

1　中文世界里也是如此。《鲁拜集》有多个中文译本，其中以郭沫若的最为知名，下文所附《鲁拜集》第 7 首即为郭沫若的译文。作者姓名也有多种译法。——译者注

会变来变去。他抛弃了传统的由琐罗亚斯德教节日来划分月度的方法，转而用黄道星座的变化来表示月份，结果每个月的长度更为平均。

海亚姆对历法的最大贡献是算出了一年的长度。格列高利历，也就是大部分国家都在使用的公历中，每三个平年后有一个闰年，平年 365 天，闰年 366 天。这种历法已经相当精确，每 3330 年才会出现一天的误差。但海亚姆设计的是以 33 年为一个周期，精确到每 5000 年才会有一天的误差。每个周期有 25 年是 365 天，另外 8 年是闰年，每四到五年出现一次。

海亚姆设计的贾拉利历一直沿用到 20 世纪初。1925 年经过简化，成为波斯历，它至今仍然是伊朗和阿富汗的官方历法。

海亚姆的诗作中也对时间极为关注，或者说对光阴似箭极为关注。《鲁拜集》（"四行诗"）中有一首这样写道：

来呀，请来浮此一觞，
在这春阳之中脱去忏悔的冬裳：
"时鸟"是飞不多时——
鸟已在振翮翱翔。

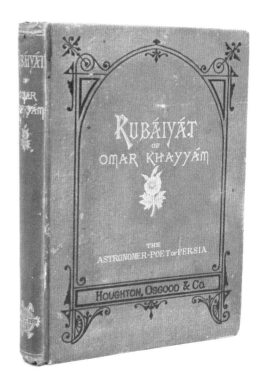

上图：海亚姆的《鲁拜集》，由爱德华·菲茨杰拉德于 1859 年最早翻译成英文，是拉斐尔前派的最爱。

上图：2013 年 3 月 21 日，在喀布尔，阿富汗人聚在一起庆祝阿富汗新年（纳吾鲁孜节）。阿富汗使用波斯历，新的一年从春分开始。

沈括

（1031—1095 年）
真北

他如果生在欧洲，我们也许会说他是个文艺复兴时期的人。他是科学家，同时也是诗人、音乐家、官吏、外交家、军事战略家、制图师和作家。沈括博学多识，他细致地记录了中国宋代科学家的科学成就。

有了沈括的著作，我们才能了解到 11 世纪的中国在科技方面有多先进。例如，他记录了毕昇于 1040 年左右发明的活字印刷术，比约翰内斯·谷登堡在欧洲发明的同样技术约早了四个世纪。

沈括致仕后，筑"梦溪园"（今中国镇江附近）安度晚年，"目之所寓者，琴、棋、禅、墨、丹、茶、吟、谈、酒，谓之九客。"他还抽空写了一本回忆录《梦溪笔谈》，该书一直留存至今。

《梦溪笔谈》中各章主题繁杂，有解剖学、药理学、光学、土木工程、考古学、地质学、气候变化、气象学、天文学，甚至还涉及飞碟学——卷 21《异事》中有一段描述了一个不明飞行物的定期造访："初微开其房，光自吻中出……壳中白光如银……如初日所照，远处但见天赤如野火。"这个能看到飞碟的地方也成了当地名胜，还建了个亭子名叫玩珠亭。

书中也首次记载了磁性指南针。指南针与火药、造纸术和印刷术并称中国古代四大发明，是中国古代在科技发展方面曾居于领先地位的重要证据。在沈括的时代，工匠们已经发现可以用磁石磨制铁针使之磁化。在此之前，出远门的人只能通过加热来让铁磁化，但效力很弱，在加热让铁磁化之前还有 3 世纪左右发明的指南车，就是把一个木头人安装在战车上，出发前让木头人的手臂指向南方，行进过程中则通过与齿轮啮合传动来保持其手臂指向。

沈括详细介绍了使用磁化指针的最佳方式。他对这种指针进行了全面观察，也有很多独到的发现。他是历史上最早注意到指南针所指南方与正午的太阳所指示的南方并非完全相同的人，前者总是会指向南略偏东的方向[1]。实际上，他发现了真南、真北和磁南、磁北之间的差别。

以前人们一般认为，北极星就固定在北极正上方，但也是沈括最早观测到，北极星实际上是在略微偏离天球北极的地方旋转。

---

1 《梦溪笔谈》卷 24："方家以磁石磨针锋，则能指南，然常微偏东，不全南也。"中国大陆大部分地区磁偏角为负值，即北略偏西，也有少数地区为正值。磁偏角也会随时间变化，大部分地区的变化速率每百年为 2~2.5 度，特殊情况下变化会更剧烈。沈括对磁偏角的记录只是定性认识，没有定量结论。——译者注

这些发现让精确导航成为可能，沈括也因此建议人们使用 24 个方位的罗盘，而不是更常见的 8 个方位的。最早使用这种罗盘的记录就出现在沈括去世后不久。大概一百年之后，西方世界才开始第一次使用指南针。

沈括发现磁北和真北之间有差异，这个结果也许微不足道，但有能力按准确方位长途旅行，则增加了国际贸易的可能性，也为全世界打开了文化和经济交流的大门。指南针是走向地球村的第一步，也是根本的一步。

上图：中国古代的罗盘。

左图：北京古观象台庭院中陈列的沈括的铜制胸像。除了跟指南针有关的工作，沈括还改进了浑天仪的设计，制定了名为十二气历的阳历，用来指导中国的农事耕作。

斐波那契

(约 1170—约 1250 年)

阿拉伯数字

古希腊出了一些非常优秀的数学家,古罗马据目前所知一个都没有。这两种文化都没有发展出专门用于计数的符号,只会用字母表中的字母来计数,这样不但笨拙,而且很困难。我们必须好好感谢意大利的斐波那契解决了这个烂摊子。

今天,我们仍然经常可以看到罗马数字,不过其主要用来给国王和女王计数用——路易十四(Louis XIV)、爱德华八世(Edward VII),等等。古罗马人用几个字母表示主要数额,其他数则用多个字母的组合来表示。例如,2877 可以写成 MMDCCCLXXVII,其中 M 表示 1000,D 表示 500,C 表示 100,L 表示 50,X 表示 10,V 表示 5,I 表示 1,所有这些加起来就是 2877。

古希腊人则是用字母表里的前 9 个字母依次代表 1 到 9,接下来的 9 个字母代表 10 到 90,再接下来的 9 个字母则表示 100 到 900,以此类推。字母表里的字母用完了以后就回到开头,不过会加上一个额外的标记——比如说,字母 A(α)表示 1,但 A'(带撇号)表示 1000。这个体系用起来比古罗马体系好不到哪儿去,两大文化倒是都会用算盘来做简单的计算。但在纸上做加减法总会有些问题,因为他们用的数没办法按列对齐。比如说,100 减去 99 在古罗马人那里就会是这个样子:

C

− LXXXXVIIII

= I

在古希腊人那里就是这样:

P

−ϙϴ

= A

列奥纳多·波那契出生于意大利北部的比萨,人们都管他叫斐波那契,字面意思是"波那契之子"。但波那契也不是他父亲的真名,而是意为"简洁自然"的一个外号。他父亲是商人,负责今阿尔及利亚贝贾亚的商栈。少年时期的斐波那契就是在那里,在北非发现了阿拉伯数字体系的优势。这个体系最早是在 1 世纪之后的某个时期在印度出现,后来在 900 年左右被阿拉伯商人采用。这个体系不用字母,而是用单独的符号来表示 1 到 9 的数字,并用不同的列来表示个十百千万等数位。这就是我们今天使用的数字体系,比以前的各个体系都要好用得多。

身为商人之子,斐波那契亲眼看到了阿

拉伯数字有用起来非常方便容易的优势，也开始为之奔走呼号。1202 年，他写了一本《计算之书》，介绍了阿拉伯数字，将其与传统的罗马数字体系进行比较，并展示了如何在簿记中运用，包括用来计算利息、利润和汇率等。这部著作大受欢迎，欧洲商界在此书的推动下很快接受了阿拉伯数字，当时还处在萌芽阶段的银行业也得到其助力，发展起来。

今天人们一说到斐波那契，首先想到的都是斐波那契数列，这其中每个数都是前面两个数的和：0，1，1，2，3，5，8，13，21，34，55……他在《计算之书》里写到了这个数列，但最早发现这个数列的另有其人。

斐波那契数列中的数叫作斐波那契数，在有些数学情景和自然现象中都会出现。以斐波那契数为边的正方形按照降序排列起来，就会形成斐波那契螺旋线，在蕨类植物的生长中，松果的结构中，以及很多其他地方，都可以见到这种情形。《斐波那契季刊》是一本学术期刊，最早发行于 1963 年，致力于介绍自然界和科学中出现斐波那契数的例子，长盛不衰。

上图：鹦鹉螺螺壳的横截面呈现出完美的斐波那契螺旋线。
下图：用到了黄金分割的斐波那契螺旋线。

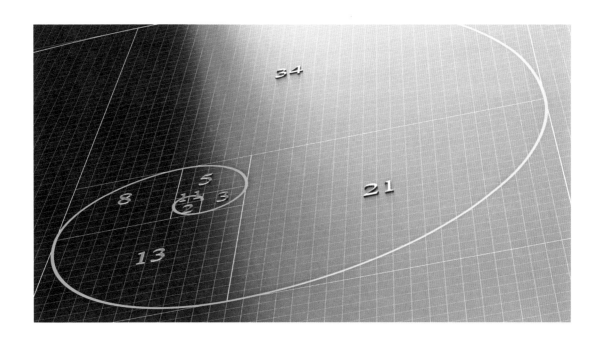

罗吉尔·培根

（约 1214—约 1292 年）

折射规律

罗吉尔·培根进行的早期实验研究了光和视力的性质。他借鉴阿拉伯文化的研究成果，为现代光学研究打下了基础。

罗吉尔·培根被誉为第一位现代科学家，但他也是一位争强好胜的神职人员，相比于道听途说，他更相信经验和证据。他决心做自己想做的实验。

1266 年，他去找教皇克莱门特四世要钱，想编撰一部包罗万象的百科全书时，他就是这么说的。但是很不幸，教皇没能理解他的意思，还要求看看这本书，他以为培根已经完成了这部著作。为了不让教皇失望，培根匆忙命笔，不到一年就写成了一部巨著《大著作》，收录了他知道的所有科学知识，包括数学、炼金术、天文学和光学等。

这项成就令人惊叹，成书速度堪称倚马千言，展现出的知识面也令人叹为观止。而且，这本书还是秘密写就的。教皇命令培根，不得在他本人读到这本书之前，把内容透露给任何人。而方济各会明令禁止未经特许撰写任何著作，身为方济各会修士的培根，只能在闲暇时间偷偷动笔，这才有了《大著作》的问世。

培根来自英国萨默塞特郡的一个富裕家庭。在成为修士之前，他也上过大学，所学的科目广泛，也喜欢研读亚里士多德的著作。

亚里士多德的老师柏拉图认为，地球上的所有人、所有事物都是天国的完美典范的不完美版本，亚里士多德可比他的老师接地气多了，他当时思考的是如何在此时此地通过哲学使事物臻于完美。因为对自己所生活的世界的基本结构极为关心，1247 年回到牛津大学任教后，培根四处搜罗图书，狂热地阅读他能碰到的任何自然科学论著，而他涉猎过的领域，后来也都涵盖在了《大著作》中。

《大著作》第一部分的标题为"人类无知的四大原因"。培根什么事情都想眼见为实，而不是接受靠不住的道听途说。他对透镜等镜子很着迷，喜欢摆弄原始的显微镜和望远镜，说这些玩意儿"能把东西拉近"，结果这些事让他有了"男巫"的名号。他让白光穿过透明的玻璃珠，像变魔术一样造出一道彩虹，结果这个折射演示把他的学生吓坏了。早在眼镜发明之前他就提出，视力不好的人可以使用镜片来矫正视力。他还用暗箱观测过日食。

培根想用实际经验来检验一切，而不是用哲学和宗教信仰来解释整个世界，他可以说是现代科学方法的鼻祖。他的成就主要在光学方面，除此之外，他还尝试过重现炼金术士早年的化学工作，也是西方第一个描述怎么制造火药的人，这比枪械的发明早了一个世纪。他预言会出现不需要风来推动的船，以及靠气球和振翅机器飞行的飞行器，以及不需要马来拉动的马车。他的认知领先于自己的时代 300 年左右。

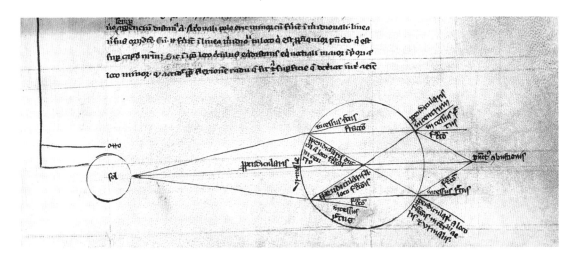

上图：培根的《论种相播殖》一文中讲光学研究的部分。图中展示了光线经过装满水的球形玻璃容器而被折射的现象。
右图：牛津大学自然史博物馆中培根的雕像。他和托勒密一样，也拿着一个天球仪。

布里丹

(约 1301—约 1359 年)

冲力说

把一块石头扔出去之后，是什么让这块石头继续在空中运动？亚里士多德认为，是因为石头周围空气中的能量流。法国哲学家让·布里丹推测是有另一种不同的力量在起作用，并将其命名为冲力。

关于布里丹生平的细节很少，但从那些跟他有关的传闻（完全未经证实）来看，他的一生可谓多姿多彩。有一个故事是说，因为他跟法国王后有染，法国国王下令把布里丹绑在麻袋里丢进了塞纳河，他也就这么一命呜呼了。另一个故事称，他曾和教皇克莱门特六世争相向一个鞋匠的妻子大献殷勤，为此布里丹还打了教皇一鞋子。还有一个故事则记录道，为了逃脱在哲学上受的迫害，布里丹逃到了维也纳，在那里创办了维也纳大学。

无论这些八卦是真是假，布里丹在人们口中都显然是一个活得多姿多彩的人物。他的一生都在巴黎大学度过，也是在那里赢得了自己的名声。不过虽然身为哲学家，他却只在文学院任教，而不是像人们以为的那样去了神学院，这对哲学家来说是不同寻常的。他这样选择，也相当于在科学和宗教信仰之间划出了分界线，与当时的主流信条完全背离。

布里丹是唯名论[1]者，他曾师从中世纪另一位著名的唯名论者——奥卡姆的威廉。奥卡姆剃刀定律就是他这位老师提出的哲学观点，他认为最简洁有效的解释也最有可能是最正确的那一个，不需要用不必要的假设把事实推理弄得乱七八糟。布里丹也许就是出于这个哲学思想，而去质疑亚里士多德将振动着的涡流解释为在空中运动的物体的无形支撑手段的理论。

实际上，布里丹认为，石头扔出去后能继续在空中运动，是因为扔出去的那只手把一股力量传给了这块石头。他并不是最早考虑用别的理论来取代亚里士多德说法的人，6世纪和12世纪，都曾有中东的哲学家考虑过类似的理论。但是，布里丹是最早想出"冲力"这个词的人，以用来描述传递给石头的力量。也是他最早提出，质量、风阻和重力是石头失去冲力落到地上的原因。

布里丹的冲力说是如今我们对惯性认识的第一步。达·芬奇、伽利略和牛顿都进一步发展了他的这一思想。然而在他的一生中，唯名论最后给他带来了毁灭。唯名论思想让树大根深的教会怒火中烧，因为教会把无法证明的抽象概念奉为圭臬，唯名论者却对这

1　中世纪欧洲经院哲学的非正统派。唯名论否认共相具有客观实在性，认为共相后于事物，只有个别的感性事物才是真实的存在。——编者注

类概念嗤之以鼻。法国国王颁布了禁令反对唯名论，结果布里丹的著作成为禁书。那些说他与国王严重失和、亡命维也纳之类的流言蜚语，可能也是出于这个原因。根据奥卡姆剃刀定律，我们不应该做不必要的假设，但布里丹在 1358 年到 1361 年的某个时候死去了，却一直没有一个明确说法。他到底有没有被装进麻袋呢？

上图：巴黎大学的小教堂，布里丹曾在这里的文学院任教。

上图：亚里士多德认为存在两种运动，即"猛烈、非自然的运动"，比如投掷石块的运动，以及"自然运动"，比如自由落体。布里丹则提出不同意见，他认为投掷石块是有一股力量被转移到了石块上。

哥白尼

（1473—1543 年）

日心说

尽管早在古希腊时期就有思想家认为地球围着太阳转，但中世纪的西欧，人们还是相信天空中的一切都在围着地球转。然而，博学多才的波兰人哥白尼发现，很多问题都不能用这个假设来解释。

如果认为地球位于万事万物的中心，就会有个大问题：尽管大多数时候行星看起来都在向同一个方向运行，但也时不时地会有倒着走的时候——当时的占星家称之为"退行"。在尼古拉·哥白尼看来，不可能是这个样子。还有另外一些问题，比如说，这个理论不能解释行星在围着地球转动时的亮度变化，因为按照这个理论，行星和地球的距离应该是恒定的。

哥白尼出生于波兰北部，他在克拉科夫和博洛尼亚学了占星术。在博洛尼亚的时候，他住在占星官家里，而这位主人的工作就是解释行星对个人健康和命运的影响。后来他又去帕多瓦学医，这门科学当时也跟占星术关系密切，因为当时的人们认为，行星运动会影响人的体质。

哥白尼的舅舅瓦岑罗德主教给他找了个司铎的职位，让他有了大量的空闲时间，可以好好研究自己感兴趣的占星学。到1515年时，哥白尼已经名声在外，甚至教皇都来邀请他为罗马天主教历法改革出一份力。教会仍然在用儒略历，之所以这么叫，是因为这种历法还是距当时约1500年前的恺撒大帝

（他的名字尤里乌斯也可译为儒略）在位期间制定的，与由太阳位置确定的节日相比对，已经有了相当大的误差。

当时哥白尼已经在一篇名为《要释》的文章里提出，宇宙以太阳为中心，也就是日心说。"日心说"这个词（heliocentric），来自古希腊语中表示"太阳"的"Helios"一词。文章中没有给出任何证据，日心说也是一个非常大胆，甚至很可能属于异端邪说的理论。天国是星星居住的地方，如果有那么多痛苦、灾难和折磨的地球并非独立于天国存在，而是天国的一部分，那天国是不是就被玷污了，不再完美了呢？

随后哥白尼进一步完善了自己的理论，将其扩展为一部有大量数学证明的巨著，并在朋友间传阅。欧洲的学者圈子渐渐都知道了这部著作，最后到了1542年，朋友们终于说服他出版这部《天体运行论》，据说在1543年，这本书送到他面前后他才咽气。

但这部著作并没有广受好评。早在这本书出版之前，神学家马丁·路德就指责说："这个傻瓜想颠覆整个天文学。但神圣的《圣经》告诉我们的是，约书亚命令太阳静止不

动，而不是地球。"天文学家倒是赞不绝口，但此书初版的 400 册都没有卖完。在随之而来的宗教辩论中，梵蒂冈的罗马教廷甚至还将其列入禁书目录。

但无论如何，他的理论还是逐渐流行起来，伽利略非常支持日心说，并将其踵事增华，到 17 世纪末牛顿的年代，日心说已经被全面接受。哥白尼的科学思想革命永远改变了人们对人类在宇宙中居于何种地位的看法，也永久地将科学知识和宗教信仰区分开来。《天体运行论》的初版至今还有 276 册留存于世，相比之下，莎士比亚的《第一对开本》现存的只剩下 202 册，《谷登堡圣经》则仅有 21 册留存于世。

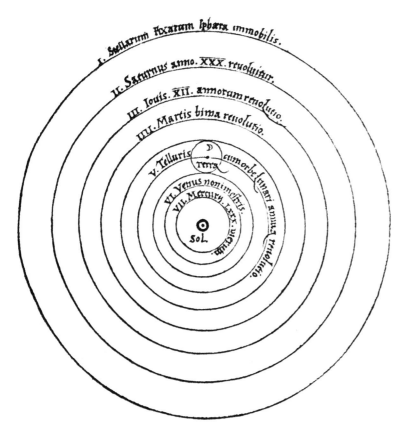

上图：安德烈亚斯·塞拉里乌斯出版于 1708 年的《和谐大宇宙》中的一幅手工上色版画，其展示了已知行星环绕太阳运行的轨道。图中右下角的人物是哥白尼。

左图：这幅简单的线描插图体现了哥白尼革命性的宇宙观——日心说，这让当时的某些人如坐针毡。他的日心说模型把太阳而非地球放在宇宙中心，与十五六世纪的宗教信念严重不符。

第谷·布拉赫

（1546—1601 年）

观测超新星

直到在 14 岁那年亲眼所见，布拉赫才终于相信，日食是可以预测的。发生在 1560 年 8 月 21 日的这起事件，激发了他终身研究恒星的热情，第一张精确的天空地图也因此诞生了。

第谷·布拉赫是一位丹麦贵族之子，按照当时的传统，他从 13 岁开始接受大学教育。他先是在哥本哈根，后来又去了莱比锡，先后学习了法律、语言和艺术等学科。

亲眼看到日食激发了布拉赫的想象力：连日食都可以预测，这就表明天空中天体的运动有规律可循。他开始自行观察并记录，也收集了很多跟这个主题有关的图书，其中就有比他更早的天文学家托勒密和哥白尼预测天文事件的年表。

1563 年，他观测到木星和土星按照预测发生了合相，但是也发现按托勒密和哥白尼的方法预测都有偏差，按托勒密的来预测甚至差了将近一个月。正值 17 岁青葱年华的布拉赫，下定决心改进他们的工作。为了精益求精，他开始购置当时最精密的观测仪器。如果买来的仪器难堪大用，他就自己动手设计制作。为了了解更多

上图：布拉赫仪表堂堂，胡须非常独特。他有一次醉酒之后与人斗剑，被别人削掉了半个鼻子，余生他都只能戴着义鼻。

的知识，他在欧洲各个大学周游，到处拜访天文学家，跟他们交流分享各类信息。

在丹麦赫瑞巴德修道院临时搭建的天文台上观测到的一起事件，巩固了他在科学界的名望。1572 年的秋天，在观测仙后座时，他观测到了一颗以前从来没见过的明亮的恒星，比视星等最高的金星都还要亮。他观测了整整一年，最后在《论新星》一书中公布了自己的发现。

布拉赫观测到的是超新星爆发，也就是恒星在消失之前，或者说坍缩成中子星或黑洞前的爆炸。

布拉赫的这些结论令欧洲整个天文学界都大为震动，一时之间，布拉赫的门前变得车水马龙。丹麦国王弗雷德里克二世与布拉赫私交甚厚，他给了布拉赫一座小岛，并在上面建了欧洲第一座专门的天文台。这座天文台整整花了丹麦全国财政预算的

1%，布拉赫用古希腊神话中九位缪斯女神之一，司天文学和占星术的乌剌尼亚的名字，将天文台命名为乌拉尼堡。

那个年代望远镜还没有发明，所以布拉赫的观测全都靠的肉眼。他建造了一台巨大的六分仪，绘制了一千多颗恒星的位置，精度比以往任何人绘制的都高出十倍，角度误差都在一分以内，并在一个巨大的木制球体上用黄铜标记了出来。为了得到更高的精度，他还在乌拉尼堡天文台旁边建了一个地下天文台，叫作星堡，以免风和其他气象条件干扰自己的仪器。

但最后干扰还是来了：弗雷德里克二世的继任者克里斯蒂安四世对天文学不感兴趣，他逐渐撤了支持这项事业的资金。布拉赫后来搬到了布拉格，把自己对天文学的热爱和知识都传给了开普勒。1601年，布拉赫溘然长逝，为天文观测的精度留下了新的

标准。开普勒继承了老师的衣钵并发扬光大，今天的布拉格还矗立着他们师徒二人的双人雕像。

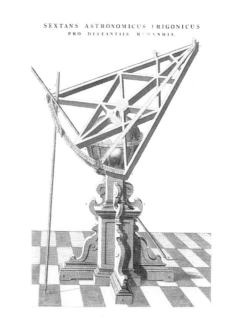

右上图：布拉赫是最后几位没有用到望远镜的天文学家之一。他建造了最精确的六分仪和象限仪，个头都很大，并一直坚持用这些仪器来观测。
右图：荷兰著名制图师威廉·布劳于1663年绘制的乌拉尼堡天文台。

开普勒

（1571—1630 年）

行星的椭圆轨道

德国天文学家开普勒也是一位虔诚的基督徒。他相信，完美的数学为宇宙建立了秩序。他毕生都致力于精确观测天空好证明这个信念，在这个过程中，他也证明了哥白尼的日心说。

开普勒学的是神学，但他认为也可以用数学能力敬神。在开普勒那个年代，科学和其他领域的知识没有什么区别。一直到 19 世纪以前，我们今天称之为科学的都仅仅是"自然哲学"，是哲学的诸多分支之一。天文学那时叫作占星术，包括占卜和预测吉凶。一切事物都要通过当时盛行的神学和哲学论调的棱镜来看：16 世纪的德国人相信，月亮、太阳、各大行星和恒星全都在绕着地球转。

哥白尼在 1543 年出版的《天体运行论》中质疑了这种地心说的观点，他的出版商为了避免引起争议，还在书上加了一条免责声明。开普勒的占星术是跟迈克尔·马斯特林学的，这位老师很崇拜哥白尼但是不敢声张，他给开普勒看《天体运行论》，而开普勒一经寓目，马上就看出来哥白尼的日心说才是对的。

当时的顶尖天文学家布拉赫正想找个助

上图：开普勒 1610 年的一幅肖像画。

手，马斯特林就把开普勒推荐给了他。布拉赫秉持地心说，他给开普勒分配了任务，让他搞明白火星是怎么回事——用地心说来看，火星似乎每过一段时间就会在轨道上倒着走。开普勒以布拉赫的观察为基础，在布拉赫去世之后，他都还在继续（用他自己的话说）"与火星开战"。

开普勒计算了好几千次，当他把太阳而不是地球放在所有事物的中心之后，才终于弄清楚火星轨道从地球的角度来看是怎么回事。这样一来他也能准确预测未来火星在天空中的位置了，其结果堪与现代的计算结果媲美。

开普勒不仅证明了哥白尼的日心说，也证明了地球的轨道是椭圆，不是正圆。他还观测到，尽管火星与太阳的距离会有变化，但假设火星和太阳之间有一条线的话，火星在轨道上绕着太阳运行时，这条线在相同时间里扫过的面积都是相等的。开普勒观测了当时已知的另外 6 颗行星，发现这两个结论

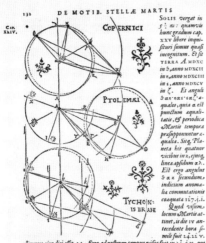

普遍成立，现在我们分别称之为开普勒第一定律和开普勒第二定律。据说，"轨道"这个词也是开普勒发明的。

　　这几条行星运动定律改变了人们理解和探索太空的方式。能够预测行星位置，并通过观测得到证实，让天文学家有了进行其他观测的坚实基础。但是，如果没有哥白尼，开普勒的理论就不可能出现，而如果没有开普勒的贡献，牛顿的成就也同样无从说起。美国的科普作家卡尔·萨根说过，开普勒是"第一位天体物理学家，也是最后一位科学占星术士"。

左图：开普勒于 1609 年出版的《新天文学》中的一页。
下图：这张插图来自开普勒的《新天文学》，其展示了火星的椭圆轨道。哥白尼的日心说模型中的行星轨道是一个个正圆，开普勒则推断出，各大行星都是以椭圆轨道围绕太阳转的。

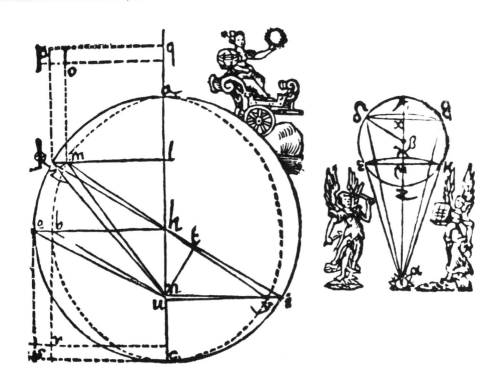

威廉 · 吉伯

（1544—1603 年）

地磁场

吉伯是他那个年代英国最杰出的科学家，也可以叫作自然哲学家，他也是伊丽莎白女王的私人医生。他开创了实证研究的先河，他出版于 1600 年的讨论磁学的专著，被认为是英国最早的重要科学著作。

威廉 · 吉伯在剑桥大学学医，他一生大部分时间都在伦敦和整个欧洲行医。1600 年，他被选为英国皇家内科医师学会主席，之后被任命为伊丽莎白女王的私人医生，为女王晚年的健康保驾护航。女王去世后，他如果不是死于 1603 年的伦敦鼠疫，肯定也会继续为女王的继任者，苏格兰的詹姆斯六世，也是后来英格兰的詹姆斯一世，鞍前效劳。

在欧洲各地奔走时，吉伯开始对天然磁石（磁铁矿石）感兴趣。早在指南针出现以前，这种矿石就已经成为确定方向的工具。这是磁性最强的天然矿物，是铁的一种复合氧化物，叫作四氧化三铁。关于磁性，在吉伯以前人们只知道，这种矿石可以吸引含铁的物体。吉伯的著作《论磁性，磁体和巨大的地磁体》（通常简称《论磁体》）是对这个

上图：《论磁体》中的方位角计的插图。

主题的已有认识的集大成之作，其中也加了他自己的观察结论。

指南针在 14 世纪就已经开始在欧洲出现，而在此之前，中国人已经使用了 400 多年[1]了。吉伯注意到，指南针的针头会略向下倾斜，于是推测地球应该就是一个巨大的磁体。他是西方最早提出地球有磁场的人，指南针的指针会在这个磁场中与地球的南北极对齐，而"南极"和"北极"这两个词，也都是他提出来的。现在我们仍然会在电学中用到"极"这个词。

有时我们也说，吉伯也是电学研究的奠基人。实际上，他也最先用"电"这个词来描述静电现象，电作用力、电引力这些词也是他最早提出来的。吉伯明确区分了磁力和静电力这两种力，后者那时候也叫"琥珀效应"，因为摩擦琥珀就会产生静电。

1　如果以东汉王充《论衡》中提到的司南为关于指南针的最早记载，则此时中国人已经用了一千多年的指南针了。——译者注

那时的科学还处于早期发展阶段，仍被视为哲学思想的分支，而不是独立的学科。但吉伯强调了通过实验来进行实证检验的重要性，也建立了自己的磁学理论。所以在讨论比如说潮起潮落时，他会写下这样的句子："地下的精神和情绪，和月亮同步升起，使得海平面也一同升起，涌向海岸，令河水倒流。"

吉伯宣称，磁是地球的灵魂（我们会用"核"这个词）。他提到如果把天然磁石雕琢成一个完美的球体，使之与地球的两极刚好对齐，它就会绕着自转轴旋转起来。把这个磁球跟地球类比就会引发很大的争议，因为这么想就等于是说，地球并不是我们这个宇宙固定不动的中心，而是会旋转的。

吉伯去世后的两个世纪里，他的成就都一直乏人问津，直到 19 世纪电学迅速发展起来后，人们才重新对他有了兴趣。磁动势的单位曾经被定义为吉伯（Gi），就是为了纪念他发现了地磁场，不过现在已经用得不多了。

上图：吉伯的肖像画。他于 1603 年去世，很可能死于腺鼠疫。

上图：1600 年出版的《论磁体》。吉伯是最早提出地球有铁核的人。

伽利略

（1564—1642 年）

自由落体

意大利的伽利略是十全十美的科学全才。说他一心一意地钻研某个专业领域的知识，这个描述可不适合他：他研究的学科范围极为广泛，天文学、工程学、流体静力学和运动学等，无所不包。

在伽利略·伽利雷那个年代，自然界仍然被看成是神创造的礼物，把普通金属变成黄金的炼金术，看起来完全有可能做到。任何人只要敢提出不同看法，都可能会被指责为异端邪说。理性思维是对教会势力的威胁。

今天我们提到伽利略最多的地方，是用他的名字命名的伽利略望远镜。他在多个科学领域都有发现，比如是他最早观测到木星最大的 4 颗卫星，也是他最早认识到银河并非只是一条模模糊糊横亘在夜空中的银色路径，而是密密麻麻布满了星星的带子。但真正让伽利略卓然于世的，是他对关于运动和万有引力的科学研究抱持的开放态度。

就算是扔一个球这么简单的活动也会受到科学定律的制约，而伽利略就是最早定义这些科学定律的人。正统的亚里士多德学说认为，重物落下来会比轻物更快，伽利略对此提出疑问，并证明了不同质量的球会以相同速度落下。

他从比萨斜塔顶上扔球来证明两个球同时着地的故事很可能只是个坊间传说，在他自己的笔记中，他从来没提到过这个实验。他在斜面顶端放开球体，让球体下落的速度均一地放慢，这样就可以更容易地准确测量。

亚里士多德认为静止是自然状态，还认为只要没有了驱动力，任何运动中的物体最终都会停下来。伽利略则认识到，运动停止并不是因为驱动力消失了，而是因为有摩擦力，如果没有摩擦力，运动物体就会一直保持其速度。他也观察到，如果没有阻力，落体的速度会以均一的速率增加，并正确推导出物体下落的距离与下落的时间的平方成正比。

伽利略对自由落体运动的研究极为缜密而且很有开创性，为我们今天如何理解万有引力打下了基础。他的研究并不完美，因为没有考虑空气阻力以及形状、大小等极端情形。比如，羽毛轻若无物，但表面积相当大，会受到很大的空气阻力。如果从非常高的高度落下，落体最后会达到一个最终速度，也就是说速度不再均匀增加。

但总的来说，对于任何从手中、从比萨斜塔顶上或从人类以后建造的随便什么高楼上面掉落的紧凑、致密的物体来说，他的发现是都成立的。航天员戴维·斯科特在执行阿波罗计划第九次载人任务时，在没有大气的月球上同时扔下了一片羽毛和一把锤子，结果二者同时撞到月球表面，这也演示了伽利略的科学发现有多么正确。

伽利略因为支持日心说触怒了西班牙宗教裁判所，1633 年，裁判所认定他"有支持异端邪说的重大嫌疑"。他被迫"发誓放弃、诅咒并憎恶"日心说这一真理，而他的余生也都被软禁在自己家里。

上图：伽利略 1636 年的一幅肖像画，他手里拿的是他自己设计的望远镜之一。

上图：伽利略手写的天文观测记录。

右图：在阿波罗计划第九次载人任务中，航天员斯科特终于能够证明，伽利略关于锤子和羽毛会同时下落的观点是对的。

威廉·哈维

（1578—1657 年）

血液循环

心脏一直被看成是生命的物理中心，因为经验表明，压力增大的时候，心脏的跳动也会更快。然而，人类对心脏的确切功能一直所知甚少，直到一位谦逊的英国医生以一种全新的视角来看待人体结构。

16 世纪的"现代"医学，是以约 1500 年前的医学先驱克劳迪乌斯·盖伦的研究为基础的。尽管他确实在神经学、药理学和解剖学这些领域做出了重要发现，但他对心脏的了解并不全面。盖伦认为，心脏产生热量，肺部则是用来降温的，因为肺部会通过动脉吸入空气，再通过皮肤上的毛孔将热气排出去。

16 世纪时的医生都相信人体内部有两个血液系统。动脉输送血液和心脏里产生的"灵"，将热量和活力运送到身体的所有角落。静脉则输送较冷、颜色较深的由肝脏产生的静脉血。盖伦认为肺能冷却心脏产生的热量的想法，一直到那个时候都还追随者众多。

威廉·哈维是英国南海岸小镇福克斯通的市长家九个孩子中的老大。他在坎特伯雷和剑桥受过通识教育后，随后到意大利帕多瓦大学求学。他很快证明了自己的解剖学极为出色，而他的老师法布里修斯也是一位很伟大的医生。

上图：《心血运动论》出版于 1628 年。

哈维拿到了帕多瓦大学和剑桥大学的医学学位，还得到了英国皇家内科医师学会的奖学金。他之后受邀开讲拉姆利的讲座，这是意在促进英国解剖学向前发展的一系列讲座。他的正式工作是在伦敦的圣巴塞洛缪医院当医生，这家医院当时主要致力于为穷人免费治疗。

哈维按照解剖学原理解剖了一些动物——鱼、蜗牛、鸟，还有狩猎的时候杀掉的鹿的尸体，才得以证明他从人类死尸身上总结出来的结论，最后还发现这些结论对大活人也一样管用。当时还没有显微镜，唯一能帮上忙的就是一个小放大镜。他有些结论肯定是推断出来的而不是都有确凿的证据，但是这些结论全都正确。

当他把自己的想法整理成书时，哈维选择了在法兰克福出版此书，这个地方从 12 世纪开始就一直在举办书展。哈维知道，他的想法会像血液一样，从这里开始很快地循环流转起来。他的书叫作《关于动物心脏与血液运动的解剖研究》，简称《心血运动论》，该书首次准确地描述了人体的血液循环。

他的发现在当时都堪称石破天惊，包括动脉和静脉其实都属于同一个系统，以及心脏的左心室和右心室并不像以前认为的那样各自独立，而是协同工作的。他用简单的数学运算证明，心脏每天要泵出将近 225 千克的血量，而肝脏产生的血不可能有这么多。所以，血液肯定是循环流动的。

然而《心血运动论》遇到了很大的阻力，对它的质疑正如它对约 1500 年来盖伦理论的质疑一样猛烈。尽管哈维的说法有理有据，但还是有很多医生表示，他们"宁愿跟着盖伦犯错，也不愿跟着哈维了解真相"。又过了多年后，哈维揭示的真相才终于被接受。

上图：哈维的肖像画。
下图：哈维描述了心脏运动的两个阶段，即收缩和舒张。哈维估算了左心室的血量，测量了血液流入主动脉的速度，证明了当时对血液运动的解释肯定是不对的。

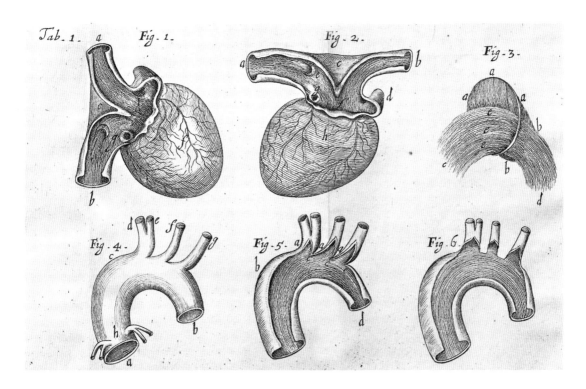

费马

(1601—1665 年)

费马大定理

费马是开了个玩笑吗？1637 年，他在一本古老的数学教材的页边空白处草草写下费马大定理（也叫费马最后定理）之后，又补充道："我发现了一个绝妙的证明，但这个空白太小，写不下。"后世数学家花了 357 年才找到这个证明。

纯粹数学之于简单的算术，也许就和芭蕾舞之于走路的基本步伐一样。在伟大的数学家看来，方程是能够证明一切事物都相互关联的纽带，而法国律师皮埃尔·德·费马是他那个年代最伟大的数学家。

认为整个世界都可以用数来解释，这种想法由来已久。最早的例子也许要数毕达哥拉斯定理（勾股定理），即直角三角形中，斜边的平方等于两条直角边的平方和。用数学语言来表述就是 $a^2+b^2=c^2$，其中 a 和 b 是三角形的两条直角边。如果 a、b、c 都是整数，我们就称之为毕达哥拉斯三元数组（勾股数）。3、4、5 是最广为人知的例子：$3^2+4^2=9+16=25=5^2$，早期盖房子的人还会利用这组数来构建完全成直角的拐角。

$a^2+b^2=c^2$ 这个公式简单得让人心旷神怡，数学

MATHEMATICA
D. PETRI DE FERMAT,
SENATORIS TOLOSANI.

Accesserunt selectæ quædam ejusdem Epistolæ, vel ad ipsum à plerisque doctissimis viris Gallicè, Latinè, vel Italicè, de rebus ad Mathematicas disciplinas, aut Physicam pertinentibus scriptæ.

TOLOSÆ,

Apud JOANNEM PECH, Comitiorum Fuxensium Typographum, juxta Collegium PP. Societatis JESU.

M. DC. LXXIX.

上图：费马的著作《数学论集》在他死后的 1679 年才由其子整理成书。

家受到鼓舞，还想找到更多类似的存在整数解的方程。3 世纪生活在亚历山大港的丢番图就是其中一位，费马又是一位。正是在阅读丢番图的巨著《算术》时，费马一时兴起，在页边空白处写下了费马大定理：对于方程 $a^n+b^n=c^n$，如果 n 是大于 2 的整数，则不可能有正整数解。

他夸口说自己有绝妙的证明，但没有任何证据能够支持他夸下的这个海口。就算他真有什么证明，在他去世后由他儿子首次发表这个定理时也没有被找到。费马确实证明了这个定理对特定情形，也就是 $n=4$ 的时候是成立的，接下来的其他所有人就只需要证明这个定理对奇数成立了。

说来容易做来难。费马大定理一直是全世界最难的数学难题，因为自从费马信手将其写下，无数

上图：费马的一幅版画。

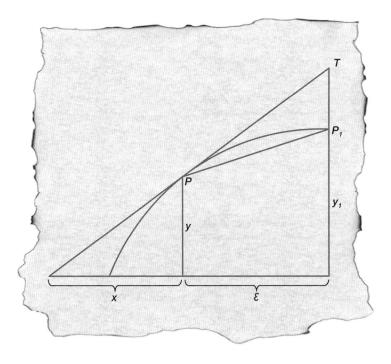

上图：费马最早发现了一种系统性方法，可以用来寻找在任意一点最接近某条曲线的直线。这条线我们叫作切线。

万众景仰的数学家都没能将其证明出来。到最后它终于被证明出来之后，这个证明过程又正好证明了，万事万物都能通过数学互相关联。先是在 1955 年，有两位日本的数学家志村五郎和谷山丰提出，椭圆曲线和模形式之间存在关联，而以前人们认为，这两个数学领域风马牛不相及。接下来是在 1984 年，德国数学家格哈德·弗雷看出了模形式和费马大定理之间的关系。

费马大定理、谷山-志村定理和椭圆曲线之间的关系意味着，能证明其中一个，就等于证明了另外两个。这个任务最后落在了英国数学家安德鲁·怀尔斯身上。他从小就对费马大定理如痴如醉，而且也研究过椭圆曲线。他对此秘密钻研了 6 年，最后给出的证明占去了学界举足轻重的普林斯顿的数学期刊《数学年鉴》1995 年 5 月刊整整一期的篇幅。

怀尔斯的证明是作为灵光乍现的一刻来到他面前的，这跟科学传统完美契合。对于这个发现，他的反应表明他只能是一位纯粹的数学家。他回忆道："这个证明美到无法形容。那么简洁，那么优雅。我再也不可能得出这么有价值的证明了。"

牛顿

（1643—1727 年）

三大运动定律

落下那颗世界上最著名苹果的苹果树，仍然在科学家牛顿的老家英国林肯郡的伍尔斯索普庄园生长着。牛顿凭直觉看到了这是重力在起作用，并开始定义作用在这颗苹果上的作用力。由此，他为经典力学打下了基础。

艾萨克·牛顿三卷本的杰作《自然哲学的数学原理》出版于 1687 年，人们都说，这是科学史上最重要的著作之一。这部著作首次披露了他的三大运动定律，改变了我们对日常所见的运动的理解。到两百年后爱因斯坦的相对论出现之前，牛顿在物理学领域都一直占据着主导地位。

简单来讲，牛顿第一定律宣称，如果某物处于静止状态（没有运动），那么这个物体就会保持静止，除非有作用力使之运动起来；如果某物处于运动状态，那么这个物体就会继续运动，除非有什么作用力使之停下来。

第二定律是说，推动或拉动物体的作用力越大，这个物体就会移动得越远、越快。

第三定律可能是人们知道得最多的，说的是对任何作用力，都存在一个与之大小相等、方向相反的反作用力。这就是桌面玩具"牛顿摆"所体现的定律。

《自然哲学的数学原理》一书也包括了牛顿的万有引力定律。这个定律描述了宇宙中任意两个物体之间都存在一种引力，并用两者的质量和两者间的距离给出了数学定义。

我们称之为第一次大统一，因为这个定律把当时已经知道的关于引力和天体运动的所有知识都关联了起来。科学史上这种事情可不是像我们想的那样会经常发生。第二次大统一是 19 世纪 60 年代詹姆斯·克拉克·麦克斯韦对电磁学的研究，第三次是爱因斯坦在 20 世纪初提出的时间和空间、质量和能量的统一，而第四次也就是最近的一次就是量子场论了。

牛顿运动定律并非只是对我们显而易见的现象做出的理论陈述。有了这些定律，我们就能预测特定条件下物体的运动，无论是

上图：伍尔斯索普庄园和那棵著名的苹果树，如今由英国国家信托基金会管理。

上图：牛顿摆是一种能证明动量和能量守恒的装置，其钢制的小球能很好地展示动量和能量守恒，这是因为它几乎为完全弹性碰撞，这使其没有机械能损失，也没有什么热量产生。

左图：牛顿 1689 年的一幅肖像画。

子弹的轨迹，还是将土星5 号运载火箭送进太空需要多少能量，都能用这些定律求解，它们因此至关重要。但不仅如此，牛顿还用这些定律解释了潮汐，证实了开普勒对行星运动的观测，以及开普勒和伽利略对惯性的定义。

现在我们知道，牛顿运动定律就其范围和精确度来说并非放之四海而皆准，对于质量、速度和引力的一些极端情形就并不适用，比如在比原子还小的粒子之间，或黑洞内部等情形中时。这类情况下就需要以相对论为主要定律了，但我们的日常生活，我们在地球上的最早的祖先的生活，都还是由牛顿于 1687 年最早定义的运动定律统治着。

玻意耳

（1627—1691 年）

玻意耳定律

当时的人们还是认为，我们这个世界由土、气、水、火四种物质构成，爱尔兰贵族之子玻意耳却有自己的疑问。他通过做实验研究气体的性质，由此得出玻意耳定律，这也为他赢得了"现代化学之父"的称号。

罗伯特·玻意耳小时候接受的是英国乡村贵族所接受的典型教育。他是在伊顿公学上的学，随后在法语老师的陪伴下，开始了古典欧洲之旅。1641 年，他们来到意大利的佛罗伦萨。在这里，玻意耳对伽利略革命性的科学思想赞叹不置，当时伽利略的身体已经不大好了，但仍然在世，他还会在自己的乡间别墅接待访客（第二年他就去世了）。

玻意耳 1644 年回到英国后，住在多塞特郡的家里再没出过远门，把余生都献给了科学研究。科学开始慢慢成为"新哲学"，玻意耳也开始跟其他研究这门"新哲学"的人书信往来。他们自称为"无形学院"，算是一个学术思想的虚拟会议，到 1660 年变成了英国皇家学会这样一个实体，也成为英国最重要的科学家俱乐部。玻意耳是学会中第一届委员会的委员。

通过书信交流，玻意耳听说了德国发明家（跟他一样也是个喜欢做实验的人）奥托·冯·格里克发明的一种空气泵，便着手改进其设计。他最后做出来的设备，玻意耳谦逊地称之为"玻意耳的机器"，并用来做了一些研究空气特性的实验。1660 年他发表了自己的初步发现，题为《关于空气弹性及其效应的物理-力学新实验》。

当时早就有了气压的概念，但一般认为空气及其他气体都是由很小的颗粒组成，颗粒周围都围绕着非常细小、看不见的弹簧。有一位耶稣会会士对玻意耳发表的结论提出疑问，玻意耳的回应则是给出了一个公式，后来人们称之为玻意耳定律。这个定律宣称，对于质量和温度恒定的气体，压强与体积成反比，也就是说，压强越大，体积就越小。

尽管 15 世纪初叶也有人注意到了类似的现象，但对此给出证明的，是玻意耳的实验证据。玻意耳定律是最早用数学公式将其表示出来的重要定律，也是将经典力学应用于气动机械的基础。

玻意耳还在遗传学方面进行过开创性的研究，他认为所有人类都有共同的祖先，人的身体特征在受孕的时候就已经决定了。在爱尔兰人中间他也不同寻常，他认为爱尔兰语值得保留下来，还在 17 世纪 80 年代资助了完整版爱尔兰语《圣经》的出版。

但是，玻意耳并非在所有方面都很科学。尽管他对人类平等的看法很开明，但他也是虔诚的基督徒，相信所有人类都源自亚当和夏娃，而且认定他俩是高加索人种。而且，尽管他坚信科学应该以证据为基础而非仅仅基于假说，但他也是坚定不移的炼金术士，相信普通金属可以转化为贵重金属。

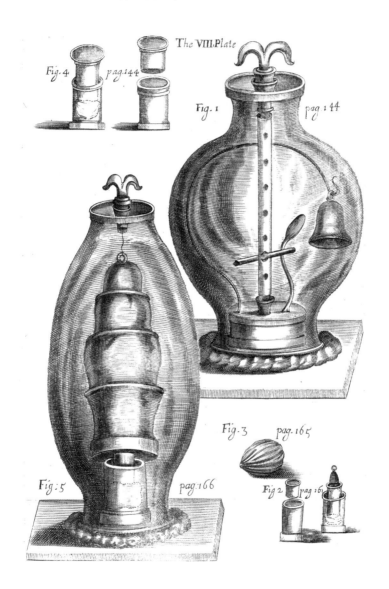

上图：玻意耳用来做空气实验的仪器插图，摘自他的著作《关于空气弹性及其效应的物理-力学新实验》的续篇，出版于 1669 年。这部著作是他之前在 1660 年出版的另一部著作的延续，后来在 1682 年又出版了续篇的第二部分。

胡克

（1635—1703 年）

生物细胞

17 世纪英国科学的蓬勃发展，胡克与有荣焉。他是玻意耳和牛顿之间的直接纽带，他本人也是发明家。他的实验观察改变了好几个科学分支的研究局面。

罗伯特·胡克的科学生涯是从给玻意耳当助手开始的，他给玻意耳制造仪器，协助他做气体实验得出了玻意耳定律。后来玻意耳让他离开了助手职位，因为想让他去从事另一个专门为他创建的新职位：新成立的英国皇家学会的实验负责人。在那里，他得以跟那个年代最优秀的科学家一起工作，也提出了自己的想法并进行实验。

也是在这段时间，他跟英国皇家学会未来的主席牛顿之间，在是谁首先发现了包括万有引力在内的各种现象的问题上起了争执。有人说牛顿把胡克的文章藏了起来，甚至扔掉了胡克已知唯一的一幅肖像画。直到最近，胡克才从牛顿投下的阴影中走出，逐渐为世人所知。

人们称赞胡克说，他卓越的洞察力来自缜密的数学思维和擅长制造机械的头脑。据说小时候他就曾把一只黄铜做的钟拆开，做了一个同样也能运行的木头模型。成年后，他改进了时钟里的钟摆，发明了游丝，让钟表的精度大为提高。也是他提出，精确的计时器能够解决远洋航行中如何确定经度的重大问题。

游丝是他用弹簧和重物做实验得出的结果，这些实验还有另一个结果就是关于弹性的胡克定律，是一个将弹簧的刚度和弹簧受到必要作用力时拉伸的长度联系起来的公式。这个定律也可用于其他有弹性的情形，比如吉他弦如何弯曲，高楼在大风中如何摆动等。弹性定律适用于所有科学及工程领域，也是声学、地震学等研究领域的基础。

胡克在另一个非常不同的研究领域同样成就非凡。1665 年，他出版了《显微图谱》一书。书中有历史上第一幅微生物的插图，是通过按照他的设计制造的显微镜观察到的。用显微镜研究极为细小的动植物使他发现了生命的最小组成单位——细胞。胡克为这些单位创造了 "细胞"（cell）一词，因为它们让他想起了蜂房中的一个个巢室（也叫 cell）。书中还有一幅插图，描绘了一片软木中的细胞，它们就像墙上的砖块一样，真的就是生命的砌块儿。

胡克这个人博学多才，人称 "英国达·芬奇"。他还研究过化石，当时生物灭绝的理论在神学上完全不能接受，因为这相当于说

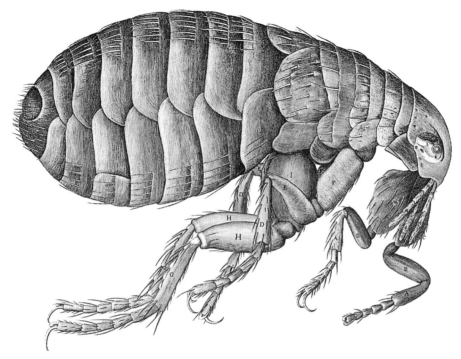

上图：《显微图谱》中的插图，显示了一个人类未曾见过的世界。英国政治家塞缪尔·佩皮斯曾说，这本书是"我读过的书里最别开生面的"。

造物主是有缺陷的。他关于人类记忆机制的著作在他去世后才得以出版，在长达两个世纪的时间里都没有引起什么关注，但从现代视角来看，他对记忆机制的认知先进得让人惊讶。

在闲暇时间里，胡克还为朋友克里斯托弗·雷恩担任过建筑师和首席助理，和他一起承担了 1666 年伦敦大火后的重建工作。雷恩的登峰造极之作——圣保罗大教堂的圆顶，就是在此种情形下设计建造的。

上图：胡克的显微镜，由伦敦仪器制造商克里斯托弗·科克制造。由于胡克的著作大受欢迎，科克也获得了巨大成功。图中字母 K 代表一盏油灯，球形物体 G 是一大瓶水。这台显微镜的制造思路是，油灯发出的光经过水的折射，让标本得到更均匀、更明亮的照明。

尼古拉斯·斯丹诺

（1638—1686 年）

化石理论

17 世纪初，大部分人都认为，在岩石中发现的化石，就是当时生长在那里的东西。还有一些人则认为，化石是从月亮上掉下来嵌到岩石里面的。丹麦医生斯丹诺觉得，这个东西还需要深入研究。

古代希腊和中国求知若渴的人，曾把贝壳和植物等可以辨认的生物化石看成是沧海桑田的证据。不太能认出来的化石看起来跟现在还活着的生物没什么关系，因此不可能属于这个世界。在欧洲，人们只是把化石搁在多宝格上，对于化石究竟是什么东西则几乎没动过一点儿好奇心。

但达·芬奇是个例外，这一点倒是在人类事业的很多领域都有体现。他对动物化石及其巢穴的研究，在某些方面领先于时代约 400 年。两个世纪之后，胡克提出，化石是早期生命形式存在的证据，就像考古文物是以前的帝国曾经存在的证据一样。

尼古拉斯·斯丹诺是帕多瓦大学的解剖学教授。1667 年，有人给他送来一个鲨鱼头让他解剖。他发现，鲨鱼的牙齿跟在某些岩层中经常会看到的所谓"舌形石"之间具有相似性。现在我们知道，这些"舌形石"其实就是鲨鱼牙齿的化石。

斯丹诺和另一位更早开始研究化石的同行，一名那不勒斯的医生法比奥·科隆纳通过加热实验证明，化石一开始都是有机物。斯丹诺认为，从活体鲨鱼的牙齿变成鲨鱼牙齿化石的过程中，成分的变化是矿物颗粒渗入的结果，胡克也曾持有这个观点，现在我们把这个过程叫作矿化。

斯丹诺还想更进一步，他想知道像化石这么坚硬的东西，是怎么进入岩石那么坚硬的东西里面去的。不仅是化石，还有水晶、矿脉，乃至某种岩石的一整层都埋在另一种岩石的里面，或横跨了另一种岩石，等等，都有同样的问题。两年后的 1669 年，他发表了自己的结论，题为《关于固体自然包裹于另一固体问题的初步探讨》。

这个结论对地球表面地质构造的认识来说，是一次重大的飞跃。其中提出了四个原则，后来成了地层学的四大根本原则，也对创建现代地质学的英国科学家詹姆斯·赫顿产生了深远影响。这几个原则包括：

·地层肯定是在另一种更坚硬的物质上面形成的，这样这个地层就不会进一步下沉。

·上面的地层形成时，下面的地层肯定已经坚硬了。

·任何一层地层在形成时，都要么被另一种坚硬的物质包围着，要么四散开来铺满地球的整个表面。所以，如果能看到某个地层裸露的一边，要么同一地层肯定在别的什么地方有延续，要么肯定能找到另一种曾阻止了这个地层流动的坚硬物质。

· 如果一块成团的物质跨过了一个地层，那么这团物质肯定是在该地层形成之后才形成的。

《关于固体自然包裹于另一固体问题的初步探讨》是斯丹诺生前最后一部重要的作品。1667 年他从出生时的宗教路德教改宗为罗马天主教，并在 8 年后被授予圣职，成为牧师。地质学痛失巨子，同时天主教喜获良才。没多久他被任命为明斯特的辅理主教，并在这个职位上因为一心一意帮助穷人遭到了新教教徒的嘲笑。后来他死于营养不良，当地人视他为圣人。1988 年，教皇约翰·保罗二世封他为圣徒。

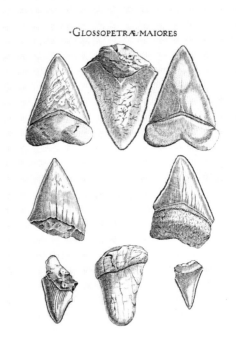

·GLOSSOPETRÆ·MAIORES

上图：斯丹诺把解剖鲨鱼得到的牙齿和头骨跟从一些沉积岩里发现的"舌形石"比较，随即醍醐灌顶，发现了其中奥妙。老普林尼等古代学者曾认为，这些石头是从天上或者月亮上掉下来的。

左图：斯丹诺石破天惊的著作《关于固体自然包裹于另一固体问题的初步探讨》的卷首插画和封面。

43

列文虎克

（1632—1723 年）

细菌

列文虎克一生都生活在荷兰的代尔夫特。他凭借缜密的科学方法和细致的观察能力，有了很多科学发现，并为他赢得了"微生物学之父"的称号。

也许是代尔夫特的空气里有什么东西让这里的居民观察起细节来都能细致入微。观察微生物的安东尼·范·列文虎克，跟荷兰画家扬·维米尔生活在同一个时代。他俩的生日只相差几天，在维米尔于 1675 年去世后，列文虎克还担任了这位画家的遗嘱执行人。

代尔夫特今天最出名的是那里出产的蓝陶，以前那里是印刷业和挂毯编织工业的中心。1654 年，列文虎克在当地开了一家纺织品商店，这一年也被叫作"代尔夫特雷霆之年"，因为这一年有家火药店爆炸，摧毁了大半个城镇，数千人受伤。列文虎克幸存了下来，他的商店也继续开了下去。

生产亚麻布的商人会用到的一个重要工具就是放大镜。商人用放大镜来数纺织品里的线，以保证织布工人织出来的布质量始终如一。列文虎克对放大镜很痴迷，还自学怎么制作自己想要的镜片。他逐渐精于此道，据说他曾经做过能放大 500 倍的放大镜，这是最早的显微镜的雏形，而当时一般的放大镜都只能放大三四十倍。

他开始研究放大了的自然界，为蜜蜂、虱子和真菌的一些部位绘制草图，这让代尔夫特的解剖学家雷尼耶·代·格拉夫赞叹不已。在格拉夫的坚持下，列文虎克写信给伦敦的英国皇家学会报告自己的观察结果，就此开始了一直维持到他生命终点的书信往来，他一共写了近 200 封信。

英国皇家学会对列文虎克的工作大为赞赏，列文虎克受到鼓舞后，便继续研究下去，他研究的自然对象也越来越小。据说他在 1674 年第一个发现了原生动物（单细胞生物），两年后又发现了池塘、水坑和水井的水中，以及人类的口腔和肠道中都有细菌。

当时，列文虎克在英国皇家学会已经是大名鼎鼎，但他把这个新发现报告给英国皇家学会时，还是遭到了怀疑。显微镜当时还处于初级阶段，甚至从来都还没有人想过，会有细菌这种东西。水也许会变成浑水，但其中肯定不会满是看不见的生物吧？但是，列文虎克坚持自己的发现，最后英国皇家学会派了一组观察员来确认他宣称的发现。1680 年，他被选为英国皇家学会会员。

列文虎克是微观世界的探索先驱。同时代的另一位探索者胡克也承认，列文虎克在这个领域是头一位。列文虎克还发现了人类精子，他跟朋友格拉夫一起改变了我们对昆虫和人类繁殖过程的看法。正是因为他发现了细菌，才有了现代社会对疾病和卫生的了解和认识。

右图：列文虎克当时的一幅肖像画。
下图：列文虎克用这么一个简单的单镜头显微镜就实现了放大物体约 300 倍。他用一个非常小的玻璃球当作透镜，夹在铆接在一起的两块金属板上的洞中间，还带有一根可以用螺丝调节的针，如果标本足够大，就可以放在针头上。

华伦海特

（1686—1736 年）

华氏温标

华伦海特最出名的成就是华氏温标。他在做仪器制造商期间，引入了新的精度标准，为了做出完美的温度计，他对熔点和沸点有了重要的发现。

丹尼尔·加布里埃尔·华伦海特出生在但泽（今波兰格但斯克）的一个富商家庭。在他 15 岁时，他的父母因为误食毒蘑菇猝然离世，新的监护人把他送去荷兰的阿姆斯特丹学习商业技能。在这个国际化的大都市，他开始对初次接触到的科学仪器以及推动科学仪器向前发展的新科学痴迷不已。

成年后，华伦海特走遍了整个北欧，拜访其他仪器制造商，向他们了解科学家都想从仪器制造商那里得到什么。这趟旅程刚开始时，他在哥本哈根拜访了工作中的丹麦天文学家奥勒·罗默，他当时正在制造温度计。1708 年的这次拜访给他留下了深刻的印象，没过多久他就开始制作自己的温度计，据说包括 1709 年制造的第一支酒精温度计，以及 1714 年的第一支水银温度计。1717 年，他回到荷兰，开了一家吹制玻璃的店铺，生产温度计和气压计等所需要的精细的玻璃管。

为了让自己制造出来的温度计尽可能精确，他研究了温度计所有组成部分的特性，包括酒精、水银和玻璃是怎么热胀冷缩的。他还发现了水的重要性质。制作温度计的人经常把水的冰点和沸点当作固定的锚点，尽

管并不是所有人都这样做。华伦海特发现，水在低于本应结冰的温度之后还是能保持液态，而且水及其他液体的沸点都会因为大气压和海拔高度的改变而出现相当大的改变。

在华伦海特闯进来之前，制作温度计这个行当已经存在了上百年，但一直没有标准的温标。仪器制造商会自行设置温标，大体上就拿"冷到不能再冷""温暖舒适""沸腾"以及"更高"作为基准。冰点和沸点这种"固定"锚点之间的刻度划分方式也全都是随意的。华伦海特拜访罗默时，记下了罗默是怎么校准自己的温度计的。华伦海特看到这位丹麦人标记了冰水的温度，以及处于"体温"的水的温度。在测量了这两个点之间的距离后，罗默在冰点下面增加了这个距离的一半，好给冰点以下的温度留出空间。随后，他把整个这段距离分成 22.5 个单位，或者说度，并将这个刻度作为温标。这样一来，最低点就是 0 度，冰点是 7.5 度，体温就是 22.5 度了。

华伦海特在给自己的温度计标刻度时，他觉得自己是在遵循罗默的做法。不过罗默认为的体温只是接触起来感觉很舒服的水温，并不是华伦海特所认为的血液的实际温度。

因此华伦海特把温度计放进嘴里，把这样确定的"体温"固定为22.5度。为了更精确些，他还把每一度都再分成4个单位，这样22.5度就成了90度，而冰点，也就是罗默的7.5度，就成了30度。后来为了计算起来简单一些，他又随心所欲地把90度改成了96度，把30度改成了32度。他说，按照这个温标，水会在212度沸腾。

华氏温标是由罗默和华伦海特两人的一些随心所欲的决定得出来的，荷兰和英国都在广泛采用，它还被这两个国家的移民带去了北美新大陆，那里一直到现在都仍然把华氏温标当成标准在用。到人们发现华伦海特定义的沸点有几度的误差时，为时已晚，只好偷偷地把温标调整了一下，于是今天我们用到的体温变成了98.6 °F，但冰点仍然是32 °F。

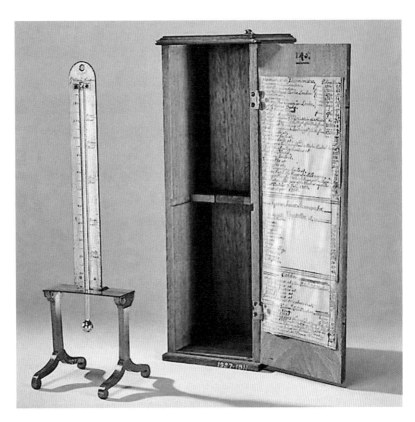

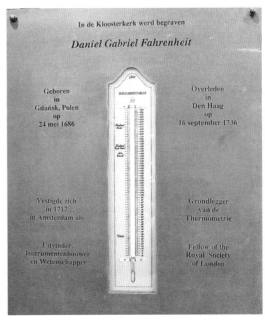

上图：水银温度计，刻度范围是−20 °F 到 212 °F，可用于化学实验。由英国国王乔治三世的仪器制造商乔治·亚当斯制造。
右图：华伦海特墓上的温度计。今天，美国是唯一一个仍在使用华氏温标的重要的工业化国家。

47

林奈

（1707—1778 年）

自然界的分类体系

从小，林奈如果生病了或心情不好，父母就会送花给他，因此他从小就对植物学很着迷。就连他的姓（他父亲起的[1]）都是来自他们家族的地块上长的一棵树——"林奈"，在拉丁语里就是椴树的意思。

卡尔·林奈在瑞典的乡下长大，他的父亲和祖父都是当地新教教会的牧师。他的老师注意到他对植物学很感兴趣，也对此鼓励有加。林奈没有选择子承父业从事宗教服务，而是去了乌普萨拉大学攻读植物学和医学，这让他的妈妈大感失望。

任何科学家都会出于本能在混乱中找到秩序，寻找模式和规律。林奈学过法国植物学家约瑟夫·皮顿·德·杜纳福尔设计的植物分类体系，尽管该体系相当武断也是出于人为的规定，却是当时植物学领域第一个区分了属和种的分类系统。在拉普兰的一次田野调查中，马头骨的牙齿图样引起了林奈的注意，让他首次想到可以根据遗传特征对物种来进行分类。

1735 年，他在一本名为《自然系统》的小书中首次提出了自己的想法，介绍了一种以纲、目、属、种和变种为基础的层级体系。林奈刚开始的方法是以植物的生殖器官为分类标准，他把植物的雄蕊和雌蕊说成是"夫妻"。

但在随后扩充这个分类体系时，他对另一些特征更为关注，例如花和果等，并把这些观察写成了 1737 年出版的著作《植物属志》。

林奈的这一套分类逻辑有别于其他体系，也很快被其他植物学家所采用。随着他的新分类法传播开来，世界各地的植物收集者给他寄来了更多各种植物的描述和样本，使他能证实并扩充自己的方法。在他的一生中，他一共撰写了 12 版《自然系统》、6 版《植物属志》，另外还有很多其他作品。

林奈的分类法大获成功，也让所有生物的命名有了标准。他的分类法改变了生物学，尤其是植物学，为从事这些科学研究的人提供了一种通用语言来指称他们的研究对象——双名命名法。在此之前，同一种花可能会因为生长的地方不同、用途不同、发现它的植物收集者不同等，而有很多个常见的名字。现在，每一种生物都会用上同一个名字，这个名字可以简化为两个词，即属名加种名。

1　当时瑞典人大多没有固定的姓，习惯上会以父亲的名加上"sson"后缀来做儿子的姓，意为"某某之子"。林奈的父亲去上大学时给自己创造了一个拉丁语的姓"林奈"（Linnaeus），这个姓来自"椴树"的古瑞典语（Linn），这个姓来自他们家族的地块上一棵被尊为"看护神树"的椴树。——译者注

比如，如果有两个生物学家随口聊起各自的宠物狗，他们不需要一口气把犬科完整的林奈分类名称（有些层级是在林奈之后加上去的）全都说出来：动物界（区别于植物界）、脊索动物门、哺乳纲、食肉目、犬科、犬亚科、犬族、犬亚族、犬属。犬属指的是犬科下面某个分支的全体成员，包括灰狼、郊狼和另外一些互不相同的豺和狼的种类，以及犬，也就是常见的家养宠物狗及所有亚种。

从林奈开始，所有生物都会分配给一个发现者，也就是最早根据林奈分类体系记录这种生物的人。当然，很多最早的记录都要归到林奈本人名下，包括我们人类自己的属和种，会永远记为 *Homo sapiens*（*Linnaeus, 1758*），意思是智人（林奈，1758 年）。

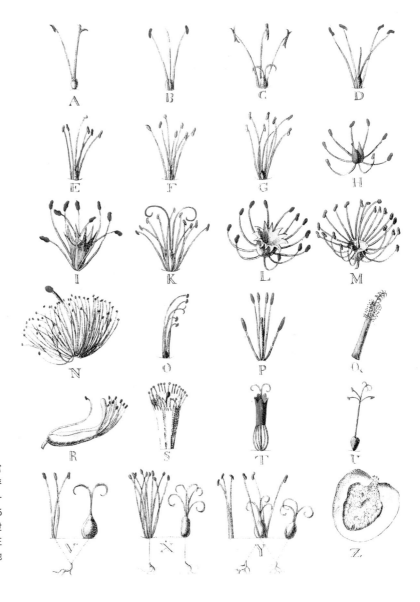

右图：林奈根据植物的生殖器官给植物分类，这幅插图由当时评价最高的植物学插画艺术家之一格奥尔格·埃雷特绘制于 1736 年。埃雷特认识林奈是在 18 世纪 30 年代中期，当时埃雷特正在为一位富有的银行家绘制他的植物藏品。

丹尼尔·伯努利

(1700—1782 年)

伯努利定理

伯努利家族：雅各布和约翰兄弟，约翰的儿子尼古拉、丹尼尔和约翰二世等，开创了一个令人瞩目的数学王朝。丹尼尔据说是年轻一代中最出色的，他对流体压强的研究帮助现代世界飞了起来。

雅各布和老约翰虽然是两兄弟，但也时时较着劲儿。雅各布被任命为巴塞尔大学的数学教授时，老约翰妒火中烧。但是兄弟俩也在微积分的早期应用上联手做了一些很重要的工作，当时牛顿和戈特弗里德·莱布尼茨也都独立发现了微积分的妙用。

雅各布于 1705 年去世后，老约翰终于接过了他在巴塞尔大学的职位，而他的嫉妒对象也从哥哥雅各布变成了自己的儿子丹尼尔。据说后来有一次，父子俩一起参加同一个科学竞赛，结果并列第一，父亲因为没有超过儿子大光其火，甚至一怒之下把丹尼尔赶出了家门。

老约翰的父亲曾试图引导老约翰从事商业，但老约翰拒绝了，他转而选择了学医。尽管跟自己父亲有过这样一段经历，老约翰还是要求儿子丹尼尔也去学经商。丹尼尔也

上图：丹尼尔实际上出生在荷兰，当时该地在西班牙的统治下。这个天才辈出的数学家族为了逃脱西班牙对新教教徒的迫害，搬到了瑞士的巴塞尔。

拒绝了，而且也选择了学医，但条件是父亲会在空闲的时候教他数学。老约翰还有个学生是数学家莱昂哈德·欧拉，他跟丹尼尔也是知交。

欧拉和丹尼尔一起研究血压和血液流速之间的关系。丹尼尔对能量守恒定律特别感兴趣，他注意到，随着所在高度增加，运动物体的动能会转变为势能。他把这个原理应用到流体上面，不过这种情况下动能转化成了压强。

1738 年，丹尼尔出版了《流体动力学》这部巨著。书名是他自己想出来的一个词，由这本书开创的工程学领域也就采用了这个书名作为领域的名称。在这部著作中，丹尼尔从能量守恒定律出发，考虑了液压机的工作效率。书中也首次阐述了气体的分子运动论。

书里最重要的内容是伯努利定理，即流

速增加总是与流体压强或者说流体势能的降低是同步的。欧拉提出了这个原理对应的方程。这个原理不但可以应用在流体力学工程中，也是空气动力学的核心内容。这也是为什么飞机的机翼横截面会那么特别，因为只有这样才能带来升力，让飞机起飞。

丹尼尔的父亲老约翰对儿子写出《流体动力学》极为嫉妒，他抄袭儿子的著作，于1739年出版了《水力学》一书，还把这本书的写作时间回溯到1732年，显得是他老人家首先想到的伯努利定理。一直到死，老约翰都对儿子的成功耿耿于怀。

右图：丹尼尔的巨著，被父亲抄袭了。

DANIELIS BERNOULLI JOH. FIL.
MED. PROF. BASIL.
ACAD. SCIENT. IMPER. PETROPOLITANÆ, PRIUS MATHESEOS
SUBLIMIORIS PROF. ORD. NUNC MEMBRI ET PROF. HONOR.

HYDRODYNAMICA,
SIVE
DE VIRIBUS ET MOTIBUS FLUIDORUM
COMMENTARII.
OPUS ACADEMICUM
AB AUCTORE, DUM PETROPOLI AGERET,
CONGESTUM.

ARGENTORATI,
Sumptibus JOHANNIS REINHOLDI DULSECKERI,
Anno M D CC XXXVIII.
Typis Joh. Henr. Deckeri, Typographi Basiliensis.

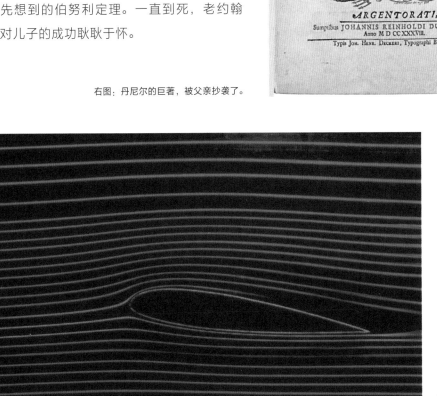

左图：伯努利定理认为，气体流动越快，内部压强就越小，图中的气流模式就可以证明这个原理。正是这个原理给了飞机机翼升力。

51

安德斯·摄尔修斯

（1701—1744 年）

摄氏温标

摄尔修斯的血液里流淌着科学。他父亲是天文学家，祖父是天文学家、数学家。但是，他最早设计出著名的摄氏温标时，温度表的刻度值是上下颠倒的。

安德斯·摄尔修斯跟随父亲的脚步，在瑞典乌普萨拉大学当上了天文学教授。他在早期的职业生涯中因为对北极光现象的研究脱颖而出。他发表了很多关于这个主题的文章，也是最早发现极光活动增强会对地球磁场产生影响的人。在乌普萨拉他们家房顶上，摄尔修斯建造了瑞典第一座专门的天文台。

乌普萨拉从很久以前起就一直学风很盛。乌普萨拉大学是斯堪的纳维亚半岛现存最古老的学术机构之一，创建于 1477 年，它从 15 世纪 80 年代起就开设了天文学课程，天文学教授席位则设立于 1593 年。瑞典历史悠久的皇家科学院——乌普萨拉皇家科学院也在这座城市。这个科学院于 1710 年成立，摄尔修斯从 1725 年起担任科学院秘书一直到去世。设计了现代生物学分类体系的林奈，也是这个科学院的成员。

摄尔修斯最早提出他设计的新温标，就体现在他提交给皇家科学院的一篇论文中。温度计已经有一百多年的历史，但上面的温标经常都是由各自的制造商随意选定的。哥本哈根的罗默和阿姆斯特丹的华伦海特都曾尝试引入更严格也更可靠的标准量度，华伦

海特设计的华氏温标在英国和荷兰应用很广泛。还有一种由法国人勒内·列奥米尔设计的列氏温标则在法国、德国和俄国大受欢迎。现在，瑞士和意大利的奶酪行业以及荷兰的糖果业仍然在使用这种温标。

水的冰点和沸点在华氏温标上差了 180 度，在列氏温标上差 80 度。在华氏温标中，水在 32 度时结冰，而 0 度是盐水会结冰的最低温度。列奥米尔把水的冰点设为 0 度，他也很可能是第一个允许温度计上出现负数的人。

这两种温标都有些问题。尽管华伦海特已经证明，水和其他液体在不同气压下沸点会发生变化，但无论是他还是列奥米尔都没有为他们的温标明确定义海拔或气压条件。从冰点到沸点，列奥米尔的 80 度和华伦海特的 180 度（等于罗默的 60 度）的差值都是以对可能出现的极端温度的错误理解为基础的。

摄尔修斯提出了一个合理的新体系，其中我们从冰点到沸点的日常体验按照 100 度的差值来划分。最重要的是，他也为自己这个温标定义了标准条件：温度计的读数将在海平面上气压为 760 毫米汞柱（一个大气压）

时校准，而且用的是水银温度计。水银温度计是华伦海特发明的，但他和列奥米尔用的都是不如水银温度计可靠的酒精温度计。

这些设计综合起来，使摄氏温标更精确，因此摄尔修斯提出的这种温标也得到了广泛应用。两百年来我们都只是称之为"厘度"（一厘等于百分之一）温标，1948年，为了纪念摄尔修斯，人们将其正式更名为摄氏温标。不过摄尔修斯努力改善前人时有点矫枉过正，他把水的冰点设为100度，沸点设为0度。在他去世一年后，他的朋友也是同事卡尔·林奈才悄悄把这个设定颠倒了回来。

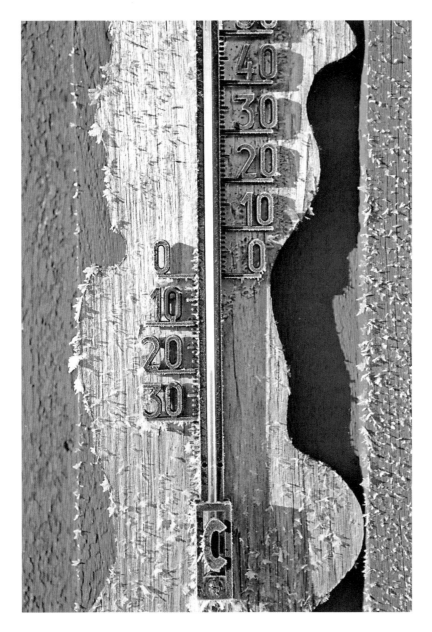

左图：摄尔修斯的故乡瑞典的一个室外温度计。

梅西叶

（1730—1817 年）

星云星团表

　　星云、星系、恒星、行星、卫星、小行星、彗星……太空中满是天体。其中一些天体的位置是固定的，另一些则会动来动去。对于那些用望远镜探索夜空的人来说，知道每个天体都是什么会很有帮助。1774 年，法国天文学家梅西叶制作了一份方便实用的指南，天文爱好者直到今天都还在享其余泽。

　　夏尔·梅西叶对夜空的兴趣最初是由 1744 年到来的一颗带着六条尾巴、引得万众瞩目的彗星引起的。这是有记录以来最明亮的彗星之一，它在宇宙中穿行时，有整整 71 天都可以从地球上看到。那一年梅西叶 14 岁，后来的叶卡捷琳娜大帝 15 岁，她正从普鲁士前往俄国成婚，也在路上亲眼见证了。

　　20 岁时，梅西叶受聘成为法国海军的助理天文学家，他们当时仍然在用恒星导航。在那里他认识到，把自己在海军天文台和在巴黎的克鲁尼酒店的观测结果全都记录下来非常重要。

　　梅西叶特别喜欢的天体自然是彗星。在他的天文学家生涯中，他一共发现了 13 颗彗星。要发现彗星，他必须逐个儿观测天空中的天体，把位置固定不动的和在移动的（无论运动有多么难以觉察）区分开来。

　　为此，他编制并出版了一部关于远距离天体的目录，叫作《星云星团表》。天文学家可以根据这些天体的位置去观测，非常有用。该目录的初版发行于 1771 年，包括了 45 个星系、星云和星团，其中有 17 个都是他和

助手皮埃尔·梅尚发现的。最后一版出版于 1786 年，共包含 103 个，后来的天文学家又往里面增加了 7 个由梅西叶或梅尚已经观测到了但没有加上去的天体。

　　梅西叶的《星云星团表》也有一些局限。这本小书的材料组织上有一些混乱——他们的那些天体既不是按类型也不是按位置来列出的。他们是用一台直径才 100 毫米的折射望远镜来观测这些天体的，因此只有这台仪器能看到的天体才会被记录下来，而且他们是在巴黎的克鲁尼酒店观测的，所以他的星表中只有巴黎夜空能看到的天体。

　　现在的望远镜比那时候的要强大得多，而且在世界各地都有分布，但梅西叶对早期太空探索的贡

右图：梅西叶的天文台，位于巴黎的克鲁尼酒店的一座塔顶。

献实在太大，因此他曾列入星云星团表的天体，到现在都还是叫作 M1 到 M110。就算是今天，对于那些只有最普通的望远镜来观测夜空的天文爱好者而言，梅西叶所列出的夜空中较明亮的天体的列表，也仍然是无价之宝。

左图：梅西叶 101 号天体（M101），风车星系。
下图：蟹状星云，梅西叶星表中的 1 号天体，也可记为 M1。1758 年，梅西叶在寻找彗星时偶然发现了这个星云。此照片由哈勃空间望远镜拍摄于 2013 年。

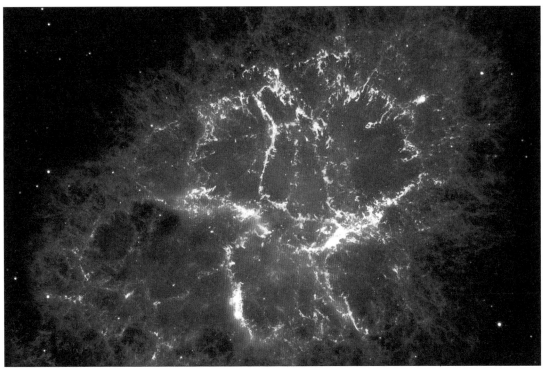

约瑟夫 · 布莱克

(1728—1799 年)

二氧化碳

　　布莱克做化学实验的那个年代，人们还是认为物质以水、火、土、金属和盐这五种主要形态存在。布莱克很喜欢把这些主要形态以不同方式结合在一起，看看会发生什么，其结果带来了一些很重要的发现。

　　约瑟夫 · 布莱克出生在法国的波尔多，父母分别是英国的苏格兰人和爱尔兰人，都在从事酿酒这个行当。布莱克没有追随他们也去酿酒，而是先后去了英国苏格兰的格拉斯哥大学和爱丁堡大学求学，因为成绩优异，后来也先后被任命为这两所大学的医学教授。

　　医学研究需要化学知识，因为会在治疗中用到。布莱克在爱丁堡大学的学位论文中专门研究了碳酸镁，毕业后他继续用碳酸镁和碳酸钙（粉笔的主要成分）来做实验，并发现如果加热这两种物质，残留物（氧化镁和氧化钙）会比原来的固体要轻。他得出结论，这个质量一定是以气体的形式减少的，他把这种气体叫作"固定空气"。这种气体今天更为人熟知的名称是二氧化碳。如果往残留物里添加碳酸钾溶液，就能使之回到原来的状态和质量。

　　在布莱克得出这个发现以前，人们并不认为各种气体是彼此不同的化合物，只是纯

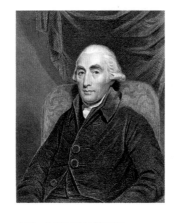

上图：布莱克的蚀刻肖像画。

度不同的空气的不同形态而已。布莱克向人们展示，这种"固定空气"不能维持动植物的生命，这也证明了这种气体并不仅仅是普通的空气。对化学领域来说，发现二氧化碳是一个极为重要的时刻，而在 18 世纪后半叶，还有一些化学家也相继发现了另外一些常见气体，比如氧气、氮气和氢气。

　　布莱克用火和水的三种主要形态——冰、水和水蒸气做实验，得出了另一个重要发现，就是如果对温度刚好为熔点的冰加热，并不会令其温度升高，只是会出现越来越多的水。同样在沸点时，加热也不会让水温升高，只是会产生更多的水蒸气。

　　水会在特定温度下变成水蒸气，所以当时人们以为，所有的液体都会在该温度下变成水蒸气。实际上，很多物质的温度都会在熔点和沸点时就算继续加热也保持不变。布莱克推断，他施加的热量被吸收了，变成了用来实现比如说从冰到水的转变的能量。他认

定，这些热量"潜藏"在冰里。他把这种热量叫作潜热，取自拉丁语中表示"潜藏"的一词。

布莱克通过发现潜热，一手开创了热力学这门新的科学，并立即对工业革命产生了重大影响。为格拉斯哥大学制作科学仪器的詹姆斯·瓦特曾向布莱克了解过他的工作情况。后来，瓦特设计了双缸蒸汽发动机，并在随后的一个世纪里改变了整个世界的采矿业、碾磨业和制造业。瓦特改进了托马斯·纽科门设计的原始的蒸汽机，他的改进实际上是利用了布莱克发现的潜热现象。

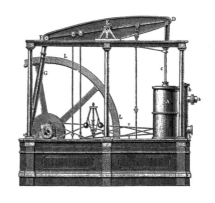

上图：1776 年生产的一台瓦特蒸汽机。瓦特在格拉斯哥大学为布莱克建造实验设备，他认识到纽科门的蒸汽机损失了潜热这部分能量，因此瓦特往蒸汽机里加了个冷凝器加以改进。
下图：菱镁矿矿石，其主要成分为碳酸镁。

拉瓦锡

（1743—1794 年）

质量守恒定律

布莱克发现了二氧化碳之后，出现了一波寻找和识别其他气体的化学实验热潮。法国化学家拉瓦锡对于空气在无机盐燃烧和金属生锈过程中的作用非常感兴趣，通过这些研究，他命名了氧气。

17 世纪末，关于燃烧的一种新理论在科学界逐渐流行起来。这种理论得到了德意志化学家格奥尔格·恩斯特·斯塔尔的大力支持和推动，他认为可燃材料中有一种以前没有识别出来的叫作燃素的"烈性物质"，其点燃后就会燃尽。如果用另一种含有燃素的物质（比如木炭）再次加热残留物，残留物就会重新把燃素吸回去。

按照斯塔尔的说法，煤炭几乎完全是燃素，而木头是燃素和灰烬的化合物。金属是用燃素加热无机盐得到的产物。但是，尽管用这种神奇的物质可以解释很多已经观察到的现象，但并不能用于解释比如说锡和铅在燃烧过程中质量为何增加了的问题。如果燃素从这两种材料中跑了出去，不是应该变得更轻吗？

安托万·拉瓦锡是法国的贵族，家境殷实，他学过法律，数学能力尤其出色，对于化学这门新兴的学问很痴迷，也做了很多实验。凭借自己的数学能力，他把化学从定性的科学变成了定量的科学。比如说，他并不满足于只是指出某些组合会产生什么效果，而是想要更准确地回答，每种实验材料都需要多少，会有多少残留物剩下来。

拉瓦锡认为，在所有的化学反应中，用他的话来说就是，"没有任何东西凭空消失，也没有任何东西无中生有，一切都在互相转化"。一边的质量减轻，就必然意味着另一边的质量会增加。如果质量增加不是因为固体，那就一定是流体——某种气体。英国化学家约瑟夫·普里斯特利通过实验分离出了"脱燃素空气"，拉瓦锡加以光大，重复了这个实验，还给这种气体起了个名字，叫作氧气。

氧气的存在证实了拉瓦锡的理论，即物质不会无中生有也不会凭空消失，但是可以改变形式，后来人们管这个理论叫质量守恒定律。有些国家也称之为罗蒙诺索夫定律，是以俄国科学家米哈伊尔·罗蒙诺索夫来命名的，他在同一时间独立得出了同样的结论。

拉瓦锡对科学还有很多其他贡献。他在分离出氧气后，也确定了空气的另一种主要成分氮气。他还使化学命名法标准化，也就是我们今天看到的样子。他担任法国科学院度量衡委员会主席时，担纲制定了米制系统。他还研究过空气污染、水净化和城市街道照明等问题。

上图：法国画家雅克-路易·大卫 1788 年受委托创作的拉瓦锡和他的妻子、合作者玛丽-安妮·保泽的肖像画。

法国大革命前后，在拉瓦锡的监督下，法国政府得到了稳定可靠的火药供应。他资助了一家印刷厂，革命报纸《共和报》就是由这家印刷厂印制的。他致力于公共服务，创办了巴黎工艺美术博物馆和学校，用来向公众进行科学普及和科学教育。

拉瓦锡家境殷实，让他可以沉迷于化学世界。但到了法国大革命期间，也正是这个背景让他成了人民的敌人，成了他掉脑袋的原因。他曾做过一份获利颇丰的工作，就是为旧的当权者当税务官。在他死后，法国数学家拉格朗日叹息道："他们只消一瞬间就砍下了这颗头颅，但再过一百年也生不出同样

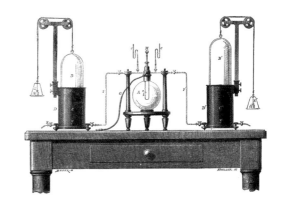

上图：拉瓦锡用氢和氧合成水的实验装置。

的一副头脑。"

威廉·赫歇尔

（1738—1822 年）

天王星

发现新行星这种事儿可不是每天都会发生。天王星是自古以来第一颗人类用望远镜观测到的新行星。发现这颗行星的赫歇尔是一位自学成才的天文学家，然而他从德国的故乡汉诺威来到英国，不是为了仰望星空，而是为了在军乐队演奏双簧管。

威廉·赫歇尔跟他父亲一样，也在他们家乡的汉诺威卫队的军乐队里演奏双簧管。汉诺威公爵同时也是英国的国王乔治二世，于是他们这个卫队被派到了英国。离开卫队军乐队后，赫歇尔留在英国以音乐家和作曲家的身份谋生，他写了 24 首交响乐，最后定居在温泉小镇巴斯。他的几个兄弟和妹妹也搬了过来，他们都是很有成就的音乐家，经常在一起表演。

为了提高在巴斯的社会地位，赫歇尔如饥似渴地读了很多关于自然哲学的书。自然哲学越来越时新，人们也开始称之为科学。他从关于音乐的科学开始涉猎，后来还读了一本介绍牛顿天文学的初学者指南，该书称是用牛顿的数学原理阐释天文学，专为未曾研习数学的读者而撰写。通过这本指南，他了解了光学，又师从制镜匠学习了一段时间，随后于 1773 年

上图：赫歇尔这位御用天文学家的肖像画。

在兄弟姐妹的帮助下建造了自己的反射望远镜。6 年后，著名的巴斯哲学学会接收他成为会员。

赫歇尔一开始对双星特别感兴趣，在巴斯他们家的后院里，他用自己那台望远镜发现了 800 多对双星。正是在全面探索星空的过程中，他偶然发现了一个不知道究竟是什么的盘状物。他觉得这可能是土星轨道外面的一颗彗星，但在比较了其他天文学家的记录后，他将其确认为自古巴比伦天文学家发现土星和木星以来，人类发现的第一颗新行星。赫歇尔用英国国王乔治三世的名字为其命名，但那些跟英国和德国都关系不太好的国家就直接称其为"赫歇尔"了。最终天文学家们达成了一致意见，用古希腊神话中天空之神乌拉诺斯的名字，将其命名为 Uranus，中译名天王星。

赫歇尔的发现并没有就此止步。通过观

测，他一共发现了 2500 个新的星团和星云，还分别发现了天王星和木星的两颗新卫星。此外，他还发现了红外线，asteroid（小行星）这个词据说也是他想出来的。他的望远镜在整个欧洲供不应求，有据可查的销量就达到了 60 多台，其中一台的买主还是西班牙国王。

他的很多工作都是在妹妹卡罗琳·赫歇尔的帮助下完成的，卡罗琳巾帼不让须眉，也是很有声望的天文学家。威廉结婚之前他们一直住在一起，他们家在巴斯的房子现在成了赫歇尔天文博物馆。

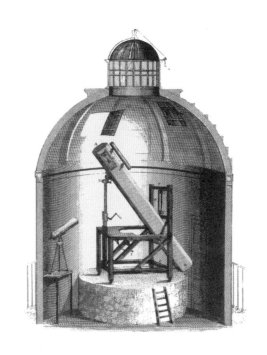

右图：赫歇尔于 1781 年发现天王星的天文台。
下图：天王星是太阳系由内而外的第 7 颗行星，体积在太阳系行星中排第 3 位。这颗巨行星已知有 27 颗天然的卫星。

卡罗琳·赫歇尔

（1750—1848 年）

彗星

她发现了 5 颗彗星。她是第一位因为天文工作领取薪俸的女科学家，也是首位进入英国皇家科学院——英国皇家学会的女性。今天的天文学家，无论男女，都应该向她致敬。

卡罗琳·赫歇尔的妈妈目不识丁，而且因为卡罗琳是女儿，不许她上学，她只能偶尔偷偷跟着父亲学点东西。父亲去世后，她离开家乡德国投奔住在英国巴斯的哥哥威廉后，才终于能够自由自在地想学就学了。

威廉是个颇有造诣的音乐家，卡罗琳学会了唱歌，因此兄妹俩可以一起登台表演。她同时也充当了哥哥的私人助理，为他打理家务，在他开始对天文学产生兴趣后，又帮忙记录他的观测结果。事实证明她非常了解威廉的工作，没过多久，威廉就把一些重复性的工作交给她去做，就是在天空中逐行扫描寻找彗星。尽管一开始她觉得这份工作很枯燥，但最后，她的兴趣也起来了。

她的第一个发现不是彗星，而是新的星云，她的这个发现也激励了威廉开始寻找星云。威廉觉得手头的设备质量太次，于是开始自己来制造望远镜，卡罗琳也就帮着打磨镜片，制作透镜。1783 年，威廉给卡罗琳也做了一台望远镜，

请她帮助自己观测夜空。

在 18 世纪结束之前，卡罗琳至少发现了 5 颗新的彗星。这 5 颗完全是由她新发现的，还有两颗同时还有其他观测者也发现了，而发现于 1795 年的第 8 颗彗星，之前曾有人在 1786 年首次发现过。她并不是第一个发现彗星的女性，这个荣誉属于德国天文学家玛丽亚·基希，但她在 18 世纪初得到的观测结果当时算在了她丈夫的名下。

当哥哥威廉在 1782 年被任命为皇家天文学家后，卡罗琳作为威廉的助手，也成了首位获得皇家津贴的女性，因此也是首位职业女天文学家。她分类整理了自己和威廉的发现并编订了目录，并在之前已知的 2000 个恒星、星团和星云中增加了 500 多个天体。尽管星表是以威廉的名字出版的，她的成就还是得到了广泛认可。1828 年，她被授予英国皇家天文学

左图：卡罗琳与哥哥威廉一起工作的画作。她不仅是英国皇家学会的首位女性成员，也是英国首位职业女科学家。

会金质奖章，7 年后又成了该学会的荣誉会员。

　　在哥哥威廉去世后又过了 26 年，她才在 1848 年与世长辞，享年 97 岁。哥哥去世后，她回到德国继续天文观测工作。在她 96 岁生日时，普鲁士国王给她颁发了一枚科学金质奖章。

右图及下图：来自巴斯的赫歇尔天文博物馆的两张照片，分别是赫歇尔望远镜，以及按照乔治时代风格布置的房间。兄妹俩都是很有天赋的音乐家。

雅克·查理

（1746—1823 年）

查理定律

科学家们往往会小心翼翼地守护他们宣称首先发现了什么东西的优先权。所以如果我们知道，关于理想气体的查理定律并非由查理自己命名，而是由另一位法国科学家盖-吕萨克来命名的，而且后面这位科学家还有两个以自己名字命名的气体定律时，肯定会大吃一惊。

今天我们会记住雅克·查理更多是因为他预测，在完成首次载人飞行的竞赛中，氢气可以很好地为气球提供升力。查理是位物理学家，在读到研究气体的科学家玻意耳的著作后，他得出了这个结论并加以检验，结果引人瞩目。

1783 年 8 月，查理与工程师兄弟安妮-吉恩·罗伯特和尼古拉-路易·罗伯特两人合作，放飞了世界上第一个无人驾驶氢气球，这是在蒙哥尔费兄弟成功放飞无人热气球之后 8 个月。他往半吨生锈的废铁上倒了 0.25 吨硫酸，以此作为氢气来源。气球最后落到了一个村子里，那里的人大为震惊，甚至拿着干草叉来攻击这个气球，但未来已来。同年 12 月，查理和尼古拉-路易·罗伯特成了最早乘坐氢气球飞行的人，他们飞行了 43 千米，而就在 10 天前，皮拉特尔·德罗齐埃和马奎斯·达尔朗用蒙哥尔费气球进行了史上首次载人飞行。本杰明·富兰克林曾捐资支持查理研究氢气球，氢气球首次飞行时也曾在一旁观看。后来，人们管热气球叫蒙哥尔费气球，氢气球则叫作查理气球。

接下来，罗伯特兄弟和查理打算建造一个可以操控的气球，也就是飞艇。他们打算用桨和舵来操纵气球，但这在空中根本就没用。罗伯特兄弟甚至都没法阻止气球上升到危险的高度，只能靠乘客查特雷斯公爵用匕首扎破几个氢气舱来控制高度。最后，他们说服查理发明了氢气阀门。

尽管在第一次飞行后查理再没有上过天，但他还是对气体的特性很感兴趣。有一次做实验，他用 5 种不同的气体充满了 5 个相同的气球，想观察加热时气球体积会怎么变化。他把这 5 个气球都加热到 80℃，结果发现它们都膨胀了同样的体积。

查理当时并没有发布这个结果，但是到了约瑟夫·路易·盖-吕萨克研究气体和温度之间的关系时，他还是慷慨地把首次发现这个现象的荣誉给了查理。关于理想气体的查理定律指出，在恒定压强下，气体体积随温度升高而线性增加。讨论中的气体叫作理想气体，因为定律中并没有考虑气体中粒子之间的相互作用等所有其他因素。有了这个定律后，就可以把理想气体跟特定情况下的实际情形相比较了。

盖–吕萨克自己的两条气体定律中，有一条确实是他发现的，但另一条实际上早些时候已经被人发现了，只不过他并不知道。前者叫作盖–吕萨克定律（气体化合体积定律），说的是不同气体相互反应时，所生成气体的体积与原始气体的体积成简单的整数比。后者说的是质量和体积恒定的气体，压强与绝对温度成正比，可以看成是查理定律的推论。而且还有一位法国科学家纪尧姆·阿蒙顿也早就提出来了，现在我们通常称之为气体压强定律或者阿蒙顿定律。盖–吕萨克最著名的科学贡献是发现了水分子 H_2O 是由两个氢原子和一个氧原子组成的。

上图：1783 年 12 月 1 日，查理和罗伯特兄弟之一驾驶的氢气球（也可以叫作"空气静力学机器"）从巴黎杜乐丽花园起飞。

高斯

（1777—1855 年）

高斯曲率

"天字第一号数学家"这个称号，落在高斯的头上比落在牛顿、欧拉等其他任何一位巨人头上的时候都多。他在数论领域的贡献一直到进入 20 世纪后很久，都还在引领纯粹数学的发展。

数论是纯粹数学的一个分支，研究的是整数的性质。有理数，也就是能表示成两个整数之比的数，也是数论的研究范畴。质数，即只能被自身和 1 整除的大于 1 的正整数，是数论学家特别着迷的对象。

卡尔·弗里德里希·高斯是个神童。据说，他还没学会说话就先学会数数了，小时候还纠正过父亲的账目。上小学时，他几秒钟就完成了一道算术题（从 1 到 100 的所有整数的求和），老师本来指望这道题能让这个早熟、调皮的学生多吃点苦头的。

读大学的时候，他超过了所有老师，没看课本就自己重新证明了好几个定理。还在上学的时候他就证明了，只用圆规和直尺就能画出正十七边形。此前人们只知道尺规作图可以画出正三角形、正五边形和正十五边形，但是高斯用正十七边形和另外三十多种形状证明，这些图形也都可以画出来，他还找到了一个公式，可以判断什么多边形有可能用尺规作图画出。

高斯 21 岁时已经完成了他的代表作《算术研究》，表明他已经完全掌握了"算术"（此前人们一直这么称呼数论）。书中不仅有费马、欧拉等前人的工作成果，也有他自己光辉灿烂的原创成果。这部著作成了现代数论研究的基石。

在证明中，高斯对逻辑标准的要求非常严格。尽管《算术研究》为所有后来人都设定了逻辑标准，但是他有很多更好的作品都没有发表，因为他害怕别人发现这些内容不合逻辑、被证伪。他的日记里记载的很多内容，被现代数学家认为是 L 函数、复数乘法和黎曼假设等理论的根源。他在类数问题上提出的猜想，直到 1986 年才得到证明。

但高斯并不是只钻研数学，他在其他领域也做出了很多贡献。他认识到非欧几何有其可能性，而高斯曲率是他从数学角度出发对大地形态的研究，这是他在汉诺威公国进行土地测量时弄出来的。他先后三次用不同方法证明了跟复数有关的代数基本定理，而他对光的研究产生了到现在仍然叫作高斯光学的方法。

1801 年，高斯准确预测了可以在哪里再次观测到新发现的矮行星谷神星。他的解引入了高斯引力常数，很可能还预见了快速傅里叶变换，这个方法直到 1807 年才有人首次论及，到了 1965 年才有人首次提出。他也研究过地磁场，结果他的名字成了非通用的磁通量的单位。

过去两个世纪，科学在所有领域都进步非凡，因此凭直觉就深入了这么多研究领域的人，基本上再也不可能出现了。英国数论学家埃里克·贝尔（1883—1960 年）说，如果高斯及时发表了所有成果，数学会跃进整整 50 年。

上图：1977 年，德国邮政集团为庆祝高斯 200 周年诞辰发行的邮票。

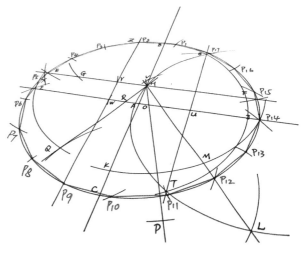

上图：1796 年高斯证明，正多边形的边数如果是 2 的幂次方与费马素数的乘积，就可以用尺规作图法画出来。

伏打

（1745—1827 年）

化学生电

在伏打之前，电只不过是大自然里的一种新奇玩意儿，以闪电和静电的形式出现，后者也叫琥珀效应，因为摩擦琥珀就能产生静电。但那时候的电没办法预测和测量，直到伏打发现了一种稳定、可靠的产生电的方法。

亚历山德罗·伏打出生在米欣布鲁克发明莱顿瓶的那一年，这是一种很原始的电容器，可以储存电荷，也可以随意放电。这个装置用静电发生器充电，可以为实验提供电荷。但莱顿瓶电的输出（以"瓶"为单位）并不稳定，使用一次之后就只能搁在一边或重新充电。

也许是因为出生时的偶然，伏打迷上了电。24 岁时他就写下了第一篇讨论静电的科学论文，32 岁时又发明了一种可以产生静电的机器，叫作起电盘。第二年他用起电盘产生火花引燃了一种气体，让他成为第一个分离出甲烷的人。他的这个实验也展示了在 80 多年后发明的内燃机的工作原理。

伏打继续用电做实验，发明了控制和测量电的新装置。1782 年，他新推出了一种电容器，随后的 10 年又发明了一系列越来越精确的验电器，可以用来测量电位和电荷。他的这些工作最后让他在 1794 年得到了当时科学界的最高荣誉，就是英国皇家学会的科普利奖章。发生这一切的时候，他对电学研究的最大贡献尚未到来。

说起研究电学现象，伏打绝对不是一个人在战斗。1791 年，意大利科学家路易吉·伽伐尼["镀锌"（galvanization）这个词

就是由他提出来的]宣称自己发现了"动物电"。伽伐尼说，这就是电的形式，他是在看到一只解剖过的青蛙腿接触到两种不同的金属时就会抽搐后才意识到这一点的。

伏打猜测，"动物电"和其他所有的电都一样，并不是一种不同的力量。他重复了伽伐尼的实验，先是用青蛙，后来又用了无机导体，证明了自己的判断。随后这两人就在科学领域争论了好长时间，一直到伽伐尼于 1798 年辞世才结束。伏打是对的：产生电的不是青蛙，而是那两种不同的金属。

伽伐尼意外发现了不同金属之间有可以生电的关系，应该说也是功不可没。着迷于

上图：一个叫作"伏打"的电动汽车充电站，这真是恰如其分。扩大电池容量可以说是 21 世纪的"太空竞赛"。

恐怖小说的人一定对他的理论心存感激，因为英国作家玛丽·雪莱就是受到这个理论的启发，才写下了《弗兰肯斯坦》这部小说。伏打顺着这个发现继续探索，也得出了自己的发现：电子在两种金属之间，比如从锌到铜之间的运动，如果通过盐水、硫酸等电解质溶液时就能产生稳定的电流。

把多个"锌＋电解液＋铜"这样的单元结合起来，就可以通过堆积增强电流。这样形成的柱体就叫伏打电堆。这是人类历史上的第一块电池，法国一直到今天都还在用表示"堆"的词来表示电池。史上第一次，伏打电堆让科研人员有了稳定的电流，可以用来衡量实验的其他结果。稳定可靠的电流供应意味着也可以将之当成电源来用，因此我们不得不说，伏打也开启了电气时代。

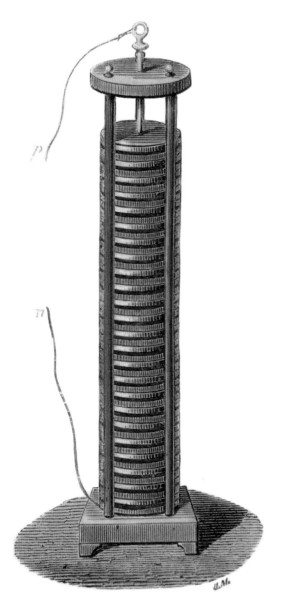

左图：伏打电堆的彩色插图。
下图：一个正在充电的简单的莱顿瓶版画。

汉弗莱·戴维

（1778—1829 年）

笑气的麻醉作用

戴维最出名的事情是发明了矿工安全灯。为了科学，他从不畏惧以身试险。这位化学家一做起实验来就不管不顾，当他还是个青年学徒的时候，朋友们就说："他会把我们全都炸飞。"

汉弗莱·戴维非常愿意拿自己做实验，也差点儿因此把自己弄瞎。三氯化氮是一种爆炸性很强的化合物，1812 年由法国化学家皮埃尔·路易·杜隆首次分离出来，而且为此付出了一只眼睛两根手指的代价。一年后实验室的一次材料爆炸让戴维暂时失明，这起事故简直愚不可及。后来，戴维聘请了年轻的迈克尔·法拉第来给自己当助手。然而没过多久，两人都在又一起三氯化氮大爆炸中挂了彩。

戴维不是理论化学家，他的工作都有实际的目标。还有一次爆炸发生在井下，是一根无遮无挡的蜡烛点燃了井下积累的甲烷，这导致井下将近 100 名矿工丧生。因为这起事故，他设计了矿工安全灯。皇家海军的舰船要在底部加一层铜，免得木质船体被虫子蛀坏，然而铜很容易被腐蚀，于是来请教戴维怎么保护这层铜底，戴维就给他们设计了一种电化学溶液，达到了预期的效果。但是，他的方案也带来了一个副作用，因为海藻和

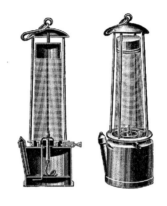

上图：著名的矿工安全灯。然而说来有些好笑，保护个人安全可不是戴维的长项。

贝类都喜欢以此物为食，这也给船体带来了讨厌的阻力。

英国西部的布里斯托尔海港有一个气动研究所，是一个致力于研究新发现的气体都有什么性质的实验室，戴维也是这个研究所的成员。他新发现的气体中有一种是一氧化二氮，由英国化学家约瑟夫·普里斯特利首次合成。戴维的朋友瓦特，也是英国一位伟大的工程师，他建了一间用来研究吸入某种气体会有什么结果的气室，戴维决定就在这个房间里亲身试验一下，看看吸入一氧化二氮和另外一些气体后身体会怎么样。

戴维发现一氧化二氮有麻醉效果，在其影响下他还动不动就会吃吃地傻笑起来。他将其命名为笑气，还跟很多朋友介绍了这个效果，包括诗人柯勒律治。戴维开始沉迷于这个效果，时不时地就会去那个房间待上几分钟。但后来到了亲身做一氧化氮实验的时候，他就没那么幸运了。这种气体跟他口腔里的空气产生化合反应生成了硝酸，烧坏了

上图：英国皇家学会的电池，这是当时世界上最大的电池，由英国化学家威廉·沃拉斯顿为戴维用多组铜板和锌板于1813年建成。

单质而非化合物，并给这种物质命了名，元素周期表上与氯在一族的碘也是他命名的。戴维兴趣极为广泛，除了爆炸，他的其他研究方法都是既科学又缜密的。他发愿要写出一部巨著叫《化学哲学原理》，还跟他同时代的一个人评论说，如果真的完成了，"他能把化学这门学科往前推进整整一个世纪"。

他口腔和喉咙的内膜。他还用一氧化碳进行了同样的实证研究，结果差点儿一命呜呼。

按照戴维的典型做法，他很快把注意力集中到了一氧化二氮的实际应用上，他猜测这种气体也许可以在外科手术中当成麻醉剂来用——当时的外科医生一直用的是酒精和鸦片。他的想法在他去世15年后第一次变成了现实。

在英国皇家学会，他安装了当时世界上最大的电池，还试验了电解，就是用电流催生化学作用。戴维让电流通过各种矿物质溶液，分离出很多以前只存在于化合物中的元素，比如钾和钠（以前人们认为二者是同一种元素），还有钙、镁、锶、钡、硼等，他也成了发现化学元素最多的人。他还发现氯是

上图：戴维1821年的一幅肖像画。

71

道尔顿

（1766—1844 年）

原子理论

道尔顿是一位现代科学家，思想却有些保守。他的很多贡献有时候会因为过时的理论、错误的假设和低劣的实验设备而失色，但他矢志追寻"终极粒子"，单凭这一点我们就足以称他为"现代化学之父"了。

约翰·道尔顿出生在英国湖区的北部边缘，这里是贵格会的大本营。他好几位老师都看出他在科学方面前程远大，这是他的幸运之处。然而他们这里的非国教宗教信仰让他没法上爱丁堡大学念书，因为当时只有国教圣公会基督徒才允许上这所大学。

他家境贫寒，加上贵格会教徒本性谦卑，教会了道尔顿毕生克勤克俭，也养成了他独立自主喜欢自力更生的性格，他对周围涌现的新思想不那么开放，可能也是拜这种成长环境所赐。他在自己的一本著作中写道："一直以来我经常被误导，总认为别人的结论是理所当然的，因此我决心尽可能地不去写别人的结论，要写就写我自己经历的并能够证明的。"例如他自己设计了一套用点、线和圈来表示化合物的符号体系，后来瑞典化学家约恩斯·雅各布·贝尔塞柳斯也用字母和数字设计了一套简单得多的符号，比如水就用 H_2O 来表示，并最终成为国际通用符号，但道尔顿仍然坚持用着自己的那一套。

道尔顿对化学的重大贡献是，他认识到原子是以整数倍结合为分子和化合物的，这就是原子理论。科学史上曾先后多次提出存在原子。原子这个词本身来自希腊语中表示"不可再分"的一个词，古希腊哲学家伊壁鸠鲁是最早提出物体的性质来自组成该物体的原子的人之一。尽管伊壁鸠鲁派哲学跟基督教矛盾重重，但在 17 世纪让伊壁鸠鲁的这个思想重新焕发光彩的却是一位名叫皮埃尔·伽桑狄的法国牧师。

借由研究各种气体、研读拉瓦锡的质量守恒定律（化学反应产物的总质量必定与反应物总质量相同）以及约瑟夫·普鲁斯特的定比定律（无论质量为多少，化合物各组成元素的比例始终为定值），道尔顿得窥门径，闯入了原子论的天地。

他对相同元素可以组合成多种化合物的情形尤其感兴趣，例如氮和氧就可以形成三种不同的气体：一氧化二氮（N_2O）、一氧化氮（NO）和二氧化氮（NO_2）。他通过实验证明，每种元素出现在不同的化合物中时，相互之间的比例始终是简单的整数比。比如说，如果有 140 克氮元素，那么 N_2O 里会有 80 克氧，NO 里有 160 克氧，NO_2 里则有 320 克氧，氧元素在这三种化合物里的比例是 1：2：4。在 FeO 和 Fe_2O_3 这两种铁的氧化物中，氧元素是

以 2 : 3 的比例出现的。这就是道尔顿的倍比
定律。

这种恒定关系证明，各种元素在形成化
合物时确实存在一些基本单位，这就是原子。
通过测量质量可以证明，每种元素都有自己
专属的原子，质量不变，还跟其他所有元素
的原子都不相同。道尔顿一骑绝尘，甚至还
定义了 17 种常见元素的原子量。

道尔顿并不知道，有些元素天然是以分子
的形式存在（例如氧气是以 O_2 的形式存在，两
个氧原子形成一个氧分子），并且假定原子往往
以最简单的方式结合（所以他以为水是 HO，而
不是 H_2O），因此他经常算错，但他的理论完全
正确。尽管伊壁鸠鲁、伽桑狄等很多人都提出
过类似的思想，但道尔顿提出的是第一个真正
从科学角度出发的原子理论。

上图：托马斯·菲利普斯 1835 年所作的道尔顿的肖像画。1793
年，道尔顿到曼彻斯特的一所大学任职，次年向文学和哲学学会
提交的第一篇论文中讨论了他自己的视觉问题——色盲。

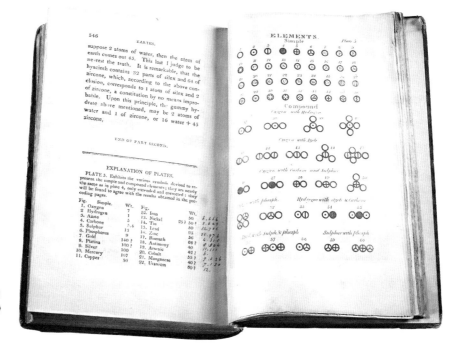

右图：道尔顿 1808 年的
著作《化学哲学新体系》
书影。

阿伏伽德罗

（1776—1856 年）

阿伏伽德罗定律

意大利的阿伏伽德罗阐明了原子和分子之间的区别。在 18 世纪时，经常会出现因为不清楚这两者的区别而造成混淆的情况。但是他对气体的研究基本上没有引起多少关注，直到他去世前后的那几年，其他科学家的工作才证明了他的假设。

阿伏伽德罗定律（他的假说后来成了这个名称）指出，在相同的温度和压强下，相同体积的气体含有相同数量的分子。要得出这个结论，他必须先弄清楚分子的性质。

当时有些科学家仍然认为，分子跟原子是一回事，都是原子理论中最小的组成部分。但是，并非所有元素都直接以原子的形式自然存在，比如氧就会以两个氧原子结合成一个氧分子（O_2）的形式存在于空气中。而且，并非所有气体都只含有一种元素，比如一氧化碳（CO）由一个碳原子和一个氧原子组成，二氧化碳（CO_2）里则有两个氧原子。

阿梅代奥·阿伏伽德罗是第一个搞清楚这三种形式有何区别的人。尽管他没有用"原子"这个词，但他也创造了这样几个说法："分子整体"（化合物的分子，如 CO_2）、"分子组分"（相同元素组成的分子，如 O_2）和"分子元素"（原子，如 O 和 C）。

阿伏伽德罗以盖-吕萨克于 1809 年提出的气体化合体积定律和道尔顿的原子理论为基础，他的结论调和了两者之间的明显差异。他指出，所有气体都是"分子整体"或"分子组分"而不是原子。如果将他的定律加以推广就可以得出，在温度和压强都相同的条件下，任何两种气体的相对分子质量都跟它们的相对密度一样。有了这个定律，计算容器中气体的量也就有了可能。

阿伏伽德罗对化学还有其他的贡献。他的假说发表后的 10 年间，他确定了水、一氧化氮、一氧化二氮、氨、一氧化碳、二氧化碳、二硫化碳、二氧化硫、硫化氢、氯化氢、酒精和乙醚的分子式，而且全都正确无误。

现在我们说阿伏伽德罗是原子-分子论的奠基人，但他是几乎过了半个世纪后才得到认可。他基本上都是在单打独斗，并没有打进当时还是由德国、法国、瑞典和英国等国家主导的欧洲化学圈子。但最后，法国化学家查尔斯·弗雷德里克·格哈特和奥古斯特·罗朗于 19 世纪 40 年代在有机化学领域的工作表明，阿伏伽德罗很可能是对的。另一位意大利人斯坦尼斯劳·坎尼扎罗在阿伏伽德罗去世 4 年后对阿伏伽德罗定律表示了支持，并证明了这个定律在化学中大有用处。

阿伏伽德罗定律极大地促进了人们对气

体的理解。到 19 世纪末时，这个定律带来了理想气体的分子运动论，可以用来解释气体的体积、压强和温度之间的关系，以及布朗运动等现象。这个定律后来与法拉第等科学家的工作结合起来，就产生了以阿伏伽德罗命名的阿伏伽德罗常数，其表示 1 摩尔气体中的粒子总数。1 摩尔物质的质量和体积可能千差万别，但无论是离子、电子、原子还是分子，粒子数永远一样多。这个数——阿伏伽德罗常数，就等于 $6.022\ 140\ 76 \times 10^{23}$。

上图：阿伏伽德罗完成了一项举世罕见的壮举。1956 年，阿伏伽德罗定律印在了意大利的邮票上。

左图：阿伏伽德罗出生于意大利的都灵，一辈子都在都灵大学里教书、做研究。

汉斯·奥斯特

（1777—1851 年）

电生磁

在康德的大自然统一性哲学的推动下，哲学家、科学家奥斯特决心找出电和磁之间的联系。在这个过程中，他开启了我们今天生活的科技世界。

伊曼纽尔·康德认为，科学的任务是把自然当作一个整体，一个单一的实体来看待和解释。他写道："不应该让我们多样化的知识模式仅仅只是狂想曲，而应该形成一个体系。"从某种意义上讲，他的观点退回到了科学仍然是"自然哲学"，只是学术思想的众多分支之一的早期阶段。然而随着时间推移，科学和自然哲学这两门学科渐行渐远。但在 18 世纪的最后一年，一位丹麦药剂师的儿子汉斯·克里斯蒂安·奥斯特，提交了一篇关于康德著作的学位论文，便同时拿到了物理学和美学的博士学位。

同年，伏打发明了电池，首次为科学家做实验提供了稳定可靠的电流。人们蜂拥而上研究这种神秘能量的性质，奥斯特也很快设计出了自己的电池。他得到了政府的资助在欧洲周游，访问了欧洲各地的研究中心。在德国，他见到了约翰·里特，约翰·里特跟他一样也很崇拜康德和弗里德里希·谢林。谢林也是哲学家，他认为科学家应该专心寻找"一个绝对正确、必不可少的定律"，所有自然现象都在这样一个定律中相互关联，也都可以从这个定律推断出来。

里特相信磁和电之间有关联，他的信念也影响了奥斯特，尽管奥斯特并不认同谢林的实证检验没有思想理论那么重要的观点。1806 年回到哥本哈根大学后，奥斯特被任命为教授，组建了自己的实验室，研究起化学、物理学、声学和电学来。

最后在 1820 年，他通过实验终于找到了一直在寻找的电和磁之间的关联。在当年 4 月的一次讲座中，他让电流通过一根导线时，旁边的一个指南针的指针就偏离了方向。这个现象表明，电流产生了比地磁场更强大的磁场，因为指南针原来的指向是由地磁场决定的。奥斯特发现了电生磁的现象，并因此获得了当时科学界最负盛名的奖项——英国皇家学会的科普利奖章。

后来爱因斯坦证实，电和磁是同一现象密不可分的两个面。电磁学是亚原子物理学的基础，X 射线、伽马射线、紫外线、可见光、微波、广播和电视等各种波的背后，实质上也都是电磁辐射。奥斯特的发现开启了今日世界。

奥斯特对科学还有很多贡献，不过都是在化学领域。他发现了胡椒碱——黑胡椒的味道就是源于这种化合物。他最早提炼出了

铝。不过他提纯"安德罗尼亚"和"瑟里克"这两种神秘物质的工作并不怎么成功，匈牙利化学家雅各·温特勒认为这二者是万物的基本成分，秉持康德统一性原则的奥斯特很喜欢这个观点。他推断，如果热、光、电、磁、酸、碱背后都有这两种物质，那么"我们就能把所有作用力都统一在一起，以前分门别类的物理科学也可以就此结合为一门统一的物理学了"。可惜，这两种物质未能如他们所愿。

上图：奥斯特的肖像画，约绘于 1832 年。

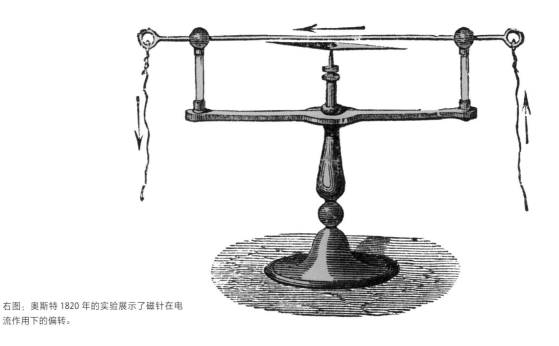

右图：奥斯特 1820 年的实验展示了磁针在电流作用下的偏转。

欧姆

（1789—1854 年）

欧姆定律

对于那些学业未竟就离开了学校的人，也许可以从欧姆的身上得到一些安慰，因为他上大学的时候，在台球馆和酒吧待的时间比在课堂上还要多，而且他只上了三个学期就退学了。但他发现的欧姆定律，是电学中最有名的定律之一。

尽管他在家里从父亲那里得到了扎实的数学和科学教育，在德国巴伐利亚州的埃尔朗根-纽伦堡大学上学的格奥尔格·欧姆还是跟古往今来的无数学生一样，非常容易在学习时分心。他父亲发现他在镇上台球馆和溜冰场花的时间比在数学课堂上还多之后，就把年纪轻轻的欧姆送去了瑞士，让他在那里教小孩数学。

上图：欧姆从当锁匠的父亲那里学习了数学、物理、化学和哲学。

这份工作很容易应付，因此他有大把的时间来研究当时的那些伟大的数学家——欧拉、拉克鲁瓦、拉普拉斯，这也是他在埃尔朗根的大学导师建议的。3 年后他做好了准备后重返大学校园去攻读博士学位，并于 1811 年得偿所愿。他以讲师的身份加入了教职员工队伍，但他又一次很快就离开了，这次的原因是微薄的工资无法支撑他享乐主义的生活方式。舞厅总体来讲要比课堂好玩得多，但是也昂贵得多。

离开大学讲师岗位的他回到了中学课堂上，最后他在科隆的耶稣会学校找到了一份教职，负责教物理和数学。在这所学校设备齐全的科学部门，总是先学生一步的欧姆，求知欲终于被激发了。伏打于 1800 年发明了电池，引发了对电的性质和作用的科学研究热潮，欧姆也开始在这方面自己做起了实验。

欧姆对不同金属的导电性很感兴趣。他观察到，通电导线产生的磁场会随着导线长度的增加而减弱，这是他最早接触到电阻的概念。

欧姆也是一位笔耕不辍的科学作家。1827 年，他出版了自己最重要的一部著作《伽伐尼电路的数学论述》，其中就有他通过观察得出的发现：通过导体的电流与导体两端的电压成正比，与导体的电阻成反比。

然而科隆的这所中学并不觉得欧姆的突破性成就有什么了不起，灰心丧气的欧姆辞去工作，去了纽伦堡理工学院任教。在此期间，整个科学界开始认识到他的想法多么有价值。1841 年，他被授予当时科学界最负盛名的荣誉——英国皇家学会的科普利奖章。在去世前两年，欧姆终于得到了承认，并开始在慕尼黑大学担任实验物理学教授。

1861 年，英国科学促进协会有个委员会开会讨论为电学领域的计量设定标准单位的需要，并决定以电学研究领域先驱的名字来命名这些单位。他们最后选定用伏特（V）作为电压的单位，用欧姆（Ω）作为电阻单位。1881 年又开了一次会，采纳了安培（A）来作为电流单位。欧姆定律就可以用数学形式简洁地表述为：

$$I=\frac{U}{R}（电流 = \frac{电压}{电阻}）$$

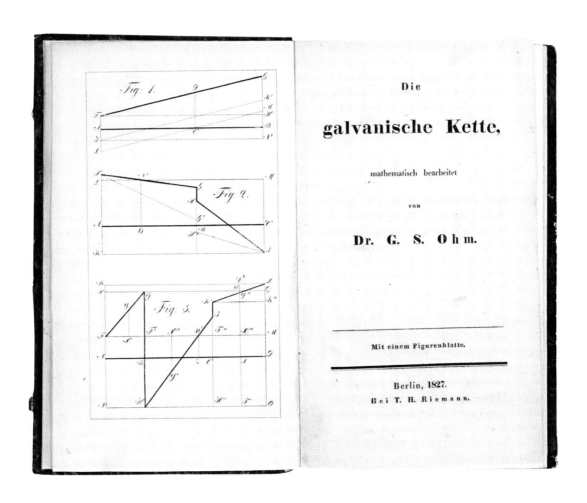

上图：欧姆于 1827 年出版的《伽伐尼电路的数学论述》。尽管这部著作出版后给他带来了很高的地位，他当时所在的学校却并不认可他的工作，最后他只能辞去教职。

罗伯特·布朗

（1773—1858 年）

布朗运动

布朗是一位很受敬重的植物学家，他对植物学有着重要的贡献，也对显微镜及显微镜能揭示的关于植物的一切极为痴迷。在显微镜的镜片下面，他发现了今天我们叫作布朗运动的现象。

"他是英国苏格兰人，生来就适合用恒心和冷静的头脑去追求一个目标。"因此，罗伯特·布朗得到了推荐，跟随英国皇家海军的调查者号舰艇前往澳大利亚，进行了一次科学研究之旅。他出生在苏格兰东海岸气候寒冷的蒙特罗斯，后来在爱丁堡大学学医。但他对植物学的兴趣比医学要大得多，在应该去学解剖学的时间，他却在苏格兰高地上搜集标本。

他放弃了医学课程。1800 年他在受到邀请去调查者号上担任博物学家时，便立即接受了这个职位。调查者号的任务是确认澳大利亚是一个单独的岛屿还是群岛，布朗的工作则是和他的两名助手一起，尽最大可能地收集这片新大陆上的植物标本。他十分勤勉地完成了任务，共收集、记录了约 3400 个物种，其中大部分都是欧洲人以前所不知道的。

他随后发表的关于澳大利亚和新西兰的植物的作品为他赢得了身为植物学家的一席之地，他也开始担任伟大的英国博物学家约瑟夫·班克斯的私人图书管理员。1827 年，班克斯把藏品都捐给了大英博物馆，布朗也随着这些藏品一起去了，成了大英博物馆的第一位植物学保管员。

也是在 1827 年，他在工作中遇到了一种新植物，是由同为英国苏格兰人的著名植物收藏家戴维·道格拉斯一年前从北美带回来的，而且以道格拉斯的名字命了名，叫作道格拉斯冷杉（北美黄杉）。布朗用显微镜观察了这种植物的花粉在悬浊液中的情形。他看到细小的粒子从花粉颗粒中抛射出来，像一群醉汉一样颤颤巍巍地手舞足蹈。现在我们知道，这些微粒是细胞器，但一开始布朗以为这些肯定是某种形式的生命。后来他在无机颗粒中也观察到了同样的运动，才不得不放弃了之前的想法。他记录了这个观察结果，但并没有进一步尝试去解释这个现象。

将近 80 年后的 1905 年，这个任务落到了年轻的爱因斯坦身上。他提出了一个模型来解释布朗的所见所闻，十分令人信服。即这些微粒本身并没有运动，而是被随机撞击这些微粒的水分子的运动推动着到处游走。这个现象叫作布朗运动，发生在由流体（气体或液体）组成、处于平衡状态的封闭系统中。即使处于平衡也就是静止状态时，流体中的分子也仍然都在不停运动着。如果流体中含有其他微粒，比如布朗看到的细胞器，

或烟雾中的灰尘等，那么这些微粒就会受到那些在运动但是我们看不见的分子的撞击，微粒就会看起来像是自己在随机游走一样，这种运动就是布朗运动。

　　按照爱因斯坦的解释，布朗运动是原子和分子存在的视觉证据。但两千年前的古罗马哲学家卢克莱修可能早就已经表述过这个理论了。公元前 60 年左右他写道："（在阳光中）你会看到大量微粒以各种方式混杂在一起……这些微粒的舞动，实际上表明我们看不到的物质也在运动，只是这种运动我们同样看不到罢了……我们看到的在阳光中运动的那些物体，是被我们看不到的冲击力推动的。"

上图：大英博物馆。布朗是这里有史以来的第一位植物学保管员。
下图：布朗，以及他科学上的拥护者爱因斯坦。

法拉第

（1791—1867 年）

电磁感应

受到当时最优秀的化学家戴维的激励，法拉第从图书装订类的工作转向了科学研究。有人说，他是戴维最伟大的发现。法拉第孜孜不倦地研究电学，这也影响了他的健康，但是他也给这个世界带来了发电机和电动机。

迈克尔·法拉第可以说是 19 世纪电磁学领域的指路明灯。但他在 13 岁刚开始工作时，干的却是为当地一家书店派送报纸的活儿。书店老板后来收他当学徒让他学习装订，基本上自学成才的法拉第，也就是从这时候起开始读书的。他什么都读，不过在后来的生活中有一本书令他尤其记忆深刻，就是简·马塞特的《化学对话》。

马塞特是一位化学家的妻子，她本身也相当出众，她以两名年轻女子跟她们老师之间交谈的形式著述了大量关于社会科学和自然科学的"对话"。在这个由男性主导的世界里，她这样的女性并不多见，但她也并非独一份儿——同时代的玛丽·萨默维尔和哈丽雅特·马蒂诺也都既是科学作家，也是马塞特的好友。

马塞特的书让法拉第热情高涨。当去听戴维系列讲座的机会出现在面前时，他赶紧抓住了。他在听完讲座后做了长达 300 页的笔记，并把它们装订成一本书寄给了戴维，还随书奉上了一份求职申请。戴维为此大感惊讶，便给他在英国皇家学会找了一份化学助理的工作，

为戴维做实验做一些准备工作。

法拉第还在当装订学徒的时候，戴维就已经因为用电分离出好几种元素而名声大噪了。现在法拉第受邀陪同戴维一家去巡回访问欧洲的科学中心，这对这位未来的科学先驱来说，这个机会简直像做梦一样。回到伦敦后，他利用宝贵的空闲时间做了自己的电磁旋转实验，这也就是后来的电动机的工作原理。1826 年，为了向公众普及科学知识，他发起了英国皇家学会晚上的"周五讲座"，这也是马塞特的"对话"和戴维的讲座所点燃的"薪火"。这些讲座证明，法拉第也是一位极有天赋的科学传播者。

1831 年，法拉第发表了自己在电磁感应上的发现：电流通过线圈时，可以在相邻的线圈中也感应出电流。前一个线圈实际上变成了电磁铁。他用永磁铁重复了这个实验，发现前后移动磁铁使之穿过线圈也可以感应出电流。这也是后来发电机的工作原理。

法拉第在电磁感应上的成就把电从科学上的新鲜玩意儿变成了一种可能在日后的生活中非常有实际用途的探索。他把剩下的时

间都用在了研究电磁感应的性质上，在电对
化学键的作用以及磁对光的影响方面做出了
特别贡献。詹姆斯·克拉克·麦克斯韦就是
以他的实验和理论为基础，才构建出电磁场
理论的。

　　电容的单位法拉（F）就是以法拉第的名
字来命名的。但法拉第这个人特别谦逊。他
两次拒绝了出任英国皇家学会的会长，也拒
绝了爵士头衔的荣誉，决心（用他自己的话
说）"一直到死都要当一个普普通通的法拉第
先生"。

左图：一张法拉
第的银版照片，
由美国著名摄影
师马修·布雷迪
摄于 1844 年。

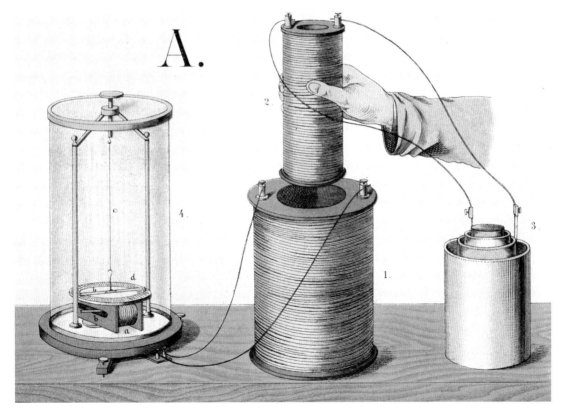

上图：法拉第于 1831 年进行的电磁感应实验。中间的线圈连着液体电池，外面的线圈连着检流计。

多普勒

（1803—1853 年）

多普勒效应

多普勒是怎么发现多普勒效应的？他不是通过高速火车经过时发出的声音，也不是通过 19 世纪的消防车接近时的情景，而是通过双星的颜色变化。

克里斯蒂安·多普勒是奥地利帝国的公民，1842 年他在皇家波希米亚学会科学分会上做了一次演讲，一下子就出了名。随后他把演讲内容写成一篇论文发表，题为《在双星和其他一些恒星的彩色光线上》。

多普勒效应解释起来很麻烦，但要感受到这个效应还是很容易的。特定颜色的光会以特定频率传播，两个波峰之间的距离总是相等的。但如果光源在移动，那么这些波就会不再以原来的频率抵达你的眼睛。波峰的位置彼此之间相对改变了，这束光看起来也可能就变成了另一种颜色，或者说频率。

声音也是以波的形式传播的。高速火车的发动机会持续发出噪声，但如果发动机越来越近，发动机新发出的声波在抵达你的耳朵之前需要穿过的距离就要短一些。这样一来，声波接近你的时候彼此之间靠得更近、频率更高时，发动机的声音听起来就会比实际的音调更高一些。火车经过了你开始远离

上图：多普勒出生于奥地利的萨尔茨堡，他们家与莫扎特的故居比邻。

之后，声波频率就会下降，发动机的音调也会下降到比实际的更低。如果有趟火车以你为中心绕着你转圈，就不会有多普勒效应了，因为所有声波要让你听到都会穿过相同的距离。

在多普勒讨论光波的论文发表 3 年后，最早展示了声音上的多普勒效应的正是一趟火车。荷兰著名化学家拜斯·巴洛特请了一支小的铜管乐队在从乌得勒支开往阿姆斯特丹的火车上始终演奏同一个音符。他测量了火车接近、经过和远离自己时的音高，证实了多普勒的理论不仅适用于光波，也同样适用于声波。

对我们大部分人来说，多普勒效应只是消防车警报经过时的一种奇特景象。但是对科学家来说，多普勒的解释在很多研究领域都有深远的意义。事实证明，多普勒效应也适用于电磁波，天文学中的红移和蓝移现象就分别可以用电磁波频率的下降和上升来解释。

多普勒效应同样可以在使用无线电波时

用到，例如控制移动机器人，以及与快速移动的卫星通信等。警用测速枪发出的无线电波在计算远去车辆的速度时，也会考虑多普勒效应。

多普勒效应还可以应用在医学上。心脏的超声波扫描，也就是超声心动图，就是利用了多普勒效应来确定血液流动的方向和流量，从而成为心血管问题早期诊断的有力工具。

左图：奥地利蒂罗尔州齐勒河谷中的铁路。

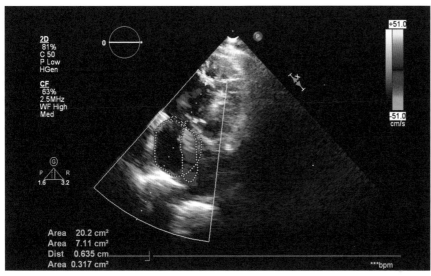

左图：借助多普勒效应生成的超声心动图。

焦耳

（1818—1889 年）

能量守恒定律

拉瓦锡于 18 世纪 70 年代提出，热质既不会无中生有也不会凭空消失，后来焦耳推翻了这一观点。但焦耳当时还不属于科学家圈子，对他这个局外人来说，说服当时的科学界等于推石头上山。他会去研究这个主题，完全是因为他当时热爱啤酒。

严格来讲，詹姆斯·焦耳最初只是个酿酒者，他从父亲手里接管了位于英国西北部的家族酿酒厂。他从小就对电十分痴迷，他在酒厂引进了电动机来取代之前提供动力的蒸汽机，他想知道哪种动力源对他的酒厂来说更有效率。

单纯从经济角度看，可以证明更有效率的是蒸汽机，因为在市政供电出现之前电池中所用的锌，要比锅炉里烧的煤贵得多。在得出这个结论的过程中，焦耳设计了越来越精确的方法测量不同形式的能量做的功。计量依据就是能够把 1 磅（454 克）重的物体举起 1 英尺（30.5 厘米）高的功，他称之为"尺磅"。

焦耳的研究让他想知道，功究竟是什么性质，以及是否可以加以测量。他指出，无论是在电导体的温度上还是在用桨搅拌的水中，热和能量经常是同时出现的现象。焦耳开始相信，热、光、电和机械做功全都是能量的不同形式，其中任何一种都可以转化为另一种。这就是热力学第一定律——能量守恒定律的基础。

拉瓦锡的热理论认为，热是一种叫作热质的物质，一种"不易察觉的流体"，在整个世界上的总量是固定的。热质既不能凭空消失也不能无中生有，只会从一种材料传递给另一种材料。拉瓦锡的理论从 18 世纪 70 年代首次表述出来之后，一直到 19 世纪 40 年代都是最正统的学说。

因此，科学界对焦耳的结论十分怀疑。焦耳发现他的理论很难发表，他的讲座也往往只有一些出于礼貌而一言不发的听众来听。大家都觉得，他一个酿酒的人，对科学理论和实践能有多少了解？但实际上，他所了解

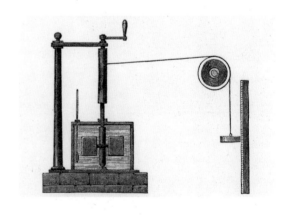

上图：焦耳研究热量守恒和损失的装置。

上图：焦耳家的酿酒厂，墙上有红十字会标志。

左图：焦耳。他的数学师承提出原子理论的道尔顿。

的啤酒酿造工艺对温度的要求很高，让他在做实验时有很多额外优势。

他有一次的讲座中来了两位研究电学的重量级人物，他们是法拉第和威廉·汤姆孙。当时，焦耳的观点给他俩留下了深刻印象，后来，这位未来的开尔文勋爵汤姆孙的认可，是焦耳的观点终于被科学界接受的重要原因。焦耳和汤姆孙一起研究了如何测量温度，他们制定的温标后来成了开尔文温标。他们也一起观察到，气体被压缩时温度会上升，即焦耳-汤姆孙效应。

当时，热质说几乎整个世纪都保留在教科书上，但是到最后焦耳还是说服了同时代的人。1851 年，他被英国皇家学会授予皇家奖章，1870 年又被授予科普利奖章。焦耳一直活到了自己的名字被采用为能量计量单位之后，1 焦耳是用 1 牛顿力让 1 千克的物体移动 1 米所需要的能量，这也是他自创的单位"尺磅"的变体。

威廉·汤姆孙

（1824—1907 年）

绝对零度

存在绝对零度，也就是可能达到的最低温度，这个想法至少从 17 世纪开始就已经很热门了。那时候，自然哲学家为究竟是四种元素中的哪一种——是土、风还是水（当然不会是火）——能达到绝对零度而争论不休。

法国物理学家纪尧姆·阿蒙顿在 1702 年设计了一种温标，其中水的沸点是 73 度，冰点是 51.5 度，他设计的零度大概等于-240℃。在波兰，华伦海特将氯化铵和冰水混合后能达到的最低温度定义为 0 °F，他的温标上另一个固定点是人的体温，他在 1724 年将其设定为 96 °F。

1742 年，摄尔修斯提出了一种更为合理的温标，即用整齐划一的 100 个刻度将 0 度和 100 度这两个温度分隔开来，并给出了符合逻辑的 0 度和 100 度作为自己温标上的固定点。沸水和冰水至少是日常就能观察到的东西。这些大人物谁都没有把他们的 0 度设在绝对零度，这也是因为他们谁都不知道绝对零度究竟是多少。提出原子理论的化学家道尔顿认为这个温度可能在-3000℃左右，而同时代的皮埃尔-西蒙·拉普拉斯则认为它可能要高一些，在-1500℃的样子。

温度计的计温依赖于水银或空气的热胀冷缩，因此温度计的精度受到这些物质对温度变化的反应的限制。如水银和空气的纯度不同，或完全使用其他材料来度量等，都会使温标上下变动。因此，无论绝对零度是多少，唯一真正固定的点就只有绝对零度。

威廉·汤姆孙出生于爱尔兰，后来在格拉斯哥大学当自然史教授。他决心找到一种不依赖于任何测温材料的温标。因此，他没有去测量现在能达到的温度极限值，而是借助了一个——实际上是三个——科学家的理论逻辑来研究这个问题。他写信跟焦耳讨论热功当量的问题，跟亨利·维克托·勒尼奥讨论气体受热时的表现，还研究了尼古拉·卡诺的热动学理论。

汤姆孙观察到，对给定体积的任何气体，温度和压强之间的关系都是恒定的。如果把这个关系在图上画出来，就会得到一条直线。他指出，如果不再有热来产生能量，压强就会变成 0，因此图上此时的温度就应该是绝对零度。

这样他便确定了绝对零度的值为-273℃。现在的实验精度更高，因此我们知道了，开尔文温标上的绝对零度，也就是 0K，是-273.15℃，也是-459.67 °F。开尔文温标上的 1 度跟摄氏度的 1 度一样。还有一种温标也

从绝对零度开始，但以华氏温标的 1 度作为 1
度，叫作兰金温标（兰氏度），是以格拉斯哥
大学另一位物理学家麦夸恩·兰金的名字命
名的。

　　绝对温度的值设定后，实验科学家就
一直想通过实验达到这个温度。宇宙的平
均温度是 2.73K，也可以记为-270.42 ℃
（-454.756 ℉），但在旋镖星云中观测到了
约为 1K 的温度。科学家已经通过减缓铑
元素样品中原子核的活动，人为地达到了
0.000 000 000 1K 的温度。目前人们公认，通
过实验达到绝对零度是不可能的。

上图：西伯利亚的奥伊米亚康是地球上最冷的人类永久
居住地，也是北半球记录到的最寒冷的地方。1933 年，
这里记录的最低温度达到-67.7℃，在开尔文温标上来看
倒还是相当暖和的。

右图：汤姆孙 22 岁就已经成为格拉斯哥大学的教授。

鲁道夫·菲尔绍

（1821—1902 年）

细胞病理学

即使在发现动物的全部组织都由细胞组成之后，医学界人士仍然坚持着其根源可以追溯到古希腊和古罗马的"黄金时代"、非理性的疾病和失调理论。菲尔绍对疾病的理性研究方法，开创了现代医学。

对人体的研究最早是由古罗马医生盖伦开创的，而医学上一直不大肯将他的思想方法弃如敝屣。他认同的理论是，身体由血液、黏液、黄胆汁和黑胆汁这四种"体液"组成，要想身体健康，这四种"体液"就必须保持平衡。

一个人的性格如何，据说是由他身上占主导地位的"体液"来决定的。即使到了今天，我们仍然在用从这个学说中出来的一些词。"乐观"一词来自拉丁语中的"血"，黏液（phlegm）太多的人则会被描述为"冷静"（phlegmatic）。

盖伦对人体的原初的理解广为人们所接受。甚至是在德国生理学家泰奥多尔·施旺确证了细胞确实存在后，他都还认为细胞肯定是由一种叫作芽基的神秘体液产生的。如果身体不知怎么地失去了平衡，芽基就会产生有病的细胞。

现在我们用芽基这个词来表示能够让某些动物重新长出器官和四肢的一系列细胞，这是因为鲁道夫·菲尔绍曾说过："所有的细胞都来源于先前存在的细胞。"以前人们普遍

认为，低级的生命形式可以自发地从无生命物质中出现，比如腐草化萤、腐肉生蛆之类的，但细胞理论驳斥了这种观点。意大利生物学家弗朗切斯科·雷迪也曾经指出："生物只能来源于生物。"菲尔绍不过是在呼应他的这个观点。

菲尔绍是德国的一名医生，他在柏林学医的时候，对解剖学、病理学和细胞的显微研究非常感兴趣。他在柏林的夏里特医学院时，学会了进行巨细靡遗的尸检，并最早识别、描述并命名了白血病（leukaemia，这个词在希腊语中意为"白血"），其病因是白细胞发育不完全。

由此他提出了一种理论，认为疾病源自原本健康的细胞发生了变化，不同的疾病会影响到的细胞群也是不一样的。他建议医生检查病变细胞，以便准确诊断。当时通行的做法仍然是只考虑病人的症状，这说起来并不比盖伦所说的根据病人皮肤苍白就断定其某种"体液"过多更靠谱。

菲尔绍以细胞病理学为基础，继续描述并命名了多种疾病，这些疾病很多都是他最

先发现的，例如栓塞、血栓形成、脊索瘤和褐黄病等。当时的医学权威都对他的方法大加抵制。各类期刊也拒绝发表他的研究成果，于是他干脆把那些期刊都晾在了一边，自己创办了一本病理学杂志《病理解剖学、病理生理学和临床医学杂志》。这本杂志因为坚持极为严格的解剖学研究而显得相当现代，到了现在仍在出版，只是名字改成了《菲尔绍文库》。

菲尔绍也是一个很活跃的政治家，他对被斑疹伤寒疫情袭击的地区的贫困状况感到震惊，便四处奔走呼吁，要改善那里的公共卫生条件。他说："医学是一门社会科学，而政治只不过是大规模的或更高级的医学。"

上图：德国病理学家菲尔绍（中间身穿深色西装者）正在巴黎一家医院监督颅骨手术。

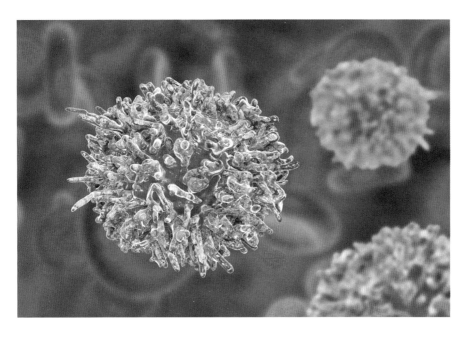

左图：毛细胞白血病（一种罕见病）患者的异常白细胞，计算机绘图。

奥古斯特·凯库勒和阿奇博尔德·库珀

（1829—1896 年　1831—1892 年）

化学键和苯环

这是一个关于运气和梦想的故事。有两个人，事先都不知道对方的研究，却同时做出了同样的发现。但在科学发现优先权上面，只能有一个赢家。其中一个后来名利双收，另一个则感到失望、愤怒和伤心，只能含恨归隐。

奥古斯特·凯库勒来自德国的达姆施塔特，是一位有机化学家。1847 年他还在上大学的时候，去听了魅力非凡的科学家尤斯图斯·冯·李比希的一系列讲座之后决定改换门庭，从建筑学转到了化学。他在欧洲各地参访各个化学中心时，身在伦敦的结构化学家亚历山大·威廉森给了他很大的影响。

上图：库珀得出了跟凯库勒一模一样的结论，但他的老板武尔茨没有及时把他的论文递交上去。

结构化学研究的是原子是怎么结合在一起形成分子的。19 世纪中期，科学家们在发现分子组成上取得了长足进步，知道了分子中存在哪些元素，数量是多少。但这些元素究竟是怎么结合起来的，其中的确切机制仍然只能靠猜。

一种新的理论，元素的化合价的概念出现了。按照这种理论，每种元素的原子都有固定数量的化学键可以用来跟其他原子连接。比如氧的化合价是 2，就是说氧原子有两个化学键，氢的化学键则是一个。因此水分子 H_2O 的结构就是 H-O-H，氧原子的两个化学键分别与两个氢原子各自唯一的化学键搭在一起。像这种相对简单的分子要找出化学结构非常容易，但复杂的有机化合物，比如碳氢化合物，就会看起来有很多变化形式都有可能成立。

威廉森、夏尔-阿道夫·武尔茨等人都赞同元素的化合价理论，凯库勒也不例外。1857 年他就取得了一个超前突破，确定了碳的化合价是 4。第二年 5 月，他发表了一篇论文，大致讲述了自己的发现：碳原子可以用自身的一些化学键互相结合成环状，之后仍然能剩下足够的化学键来跟其他原子结合。这个理论以及碳原子的化合价相对较高，解释了为什么化合物里会有那么多碳原子，而且跟氢和氧之间有很多种组合方式。这是结构化学向前迈进的一大步，也为后来凯库勒发现苯（C_6H_6）的结构埋下了伏笔。

与此同时，还有一位名叫阿奇博尔德·斯科特·库珀的英国化学家也在巴黎的实验室里埋头苦干，实验室的主人武尔茨也是元素的化合价理论最有力的支持者之一。关于苯环，库珀独立得出了跟凯库勒一模一样的结论。他请武尔茨帮忙把他这方面的论文提交给法兰西科学院，但不知是出于拖延了还是误会，库珀的论文直到1858年6月才被宣读，也就是在凯库勒的论文发表了几周后——这几周可是太关键了。

库珀又是失望又是愤怒，对武尔茨咆哮了一通，然后就被武尔茨的实验室扫地出门了。他在归隐老家英国苏格兰之后，又遭受了一连串精神疾病的折磨，时不时还会得抑郁症，在生命的最后30年里他都只能由自己的妈妈来照顾。荣耀落在了凯库勒头上，随之而来的还有更多的荣耀，包括德意志皇帝威廉二世授予的贵族称号，以及后来的化学家们的感激之情。

上图：德国发行的纪念德国化学家凯库勒的邮票。

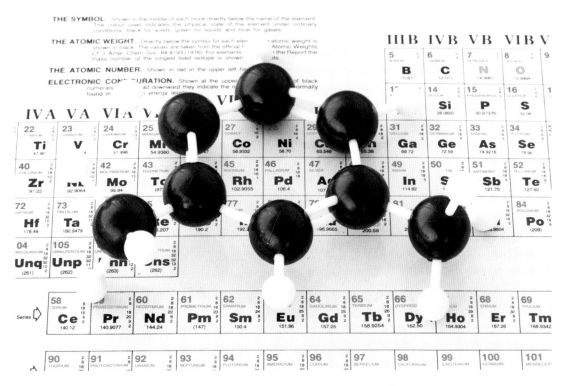

上图：二甲苯的同分异构体之一——间二甲苯的塑料模型。（注：元素周期表还在持续更新中。）

达尔文

（1809—1882 年）

自然选择

人类和其他动物都经过了亿万年的演化才变成了今天的样子，这是科学界最重要也最著名的发现之一。这个思想过于激进，以至于达尔文在最早得出这个理论后，迁延了 20 多年才公之于众。

关于地球上的生命，19 世纪初欧洲的主流论调是，上帝建立了生物的自然秩序，其中一些生物比另一些更高等。任何物种的变种，都是上帝在创世时规定的。查尔斯·达尔文年轻时也听说过新出现的以化石研究为基础的进化论，但这并没有引起他多少兴趣。

但是他对自然界总是兴致勃勃。在爱丁堡大学学医时，他更多的时间都花在了研究海洋无脊椎动物上，而不是去观

上图：一家保守的英国媒体对达尔文的观点大肆口诛笔伐，在一幅漫画中把这位伟大的科学家画成了猴子。

看让他觉得痛苦万分的手术教学。后来他转去了剑桥大学，但还是整天不务正业，更愿意把时间花在收集甲虫和植物上面。有位植物学教授推荐他去英国皇家海军探测船"贝格尔"号上担任博物学家，1831 年的圣诞节过去两天后，他便随船出发了。

这趟原计划为期两年的航程最后变成了 5 年，而在这 5 年中，达尔文收集了很多动植物的化石和标本。回到英国后，他请求伦敦的科研机构帮忙鉴定他带回来的这些物品，

结果专家认定：他带回的这些物品中，那 12 只山雀并不是同一个物种的变种，而是每一只都是不同的物种。他开始意识到，并在笔记本上写下了这样一种可能性："一个物种确实会变成另一个物种。"

这就是适者生存，也就是最适合给定环境的生物就能适应、生存下来。这意味着，自然秩序不是上帝制定的，也不是由任何别的什么东西规定的。自然秩序可以因应环境而变化，而且实际上一直在反复变化。

达尔文知道，他对自己的理论必须有绝对把握才行，因此谨言慎行。在他进行进一步研究的同时，他作为生物学家的名头也越来越响亮了。1844 年有本匿名出版物《自然创造史的遗迹》出版了，这其中很简单地写到了进化论，也因此激起了神职人员的愤怒，这也从侧面证明了，达尔文的观点确实很有可能会引起敌意。

然而时间不等人，其他科学家也开始产

生他这样的想法。其中有一位叫阿尔弗雷德·华莱士，他在 1855 年发表了一篇文章，很大程度上跟达尔文的想法不谋而合。这篇文章终于令达尔文相信，是时候发表自己的看法了。在乘坐"贝格尔"号航行 20 多年后，《物种起源》终于在 1859 年出版。

为了避免争议，达尔文在书中并没有直接讨论人类所在的物种智人的进化。但就算这样，那些相信传统观点的人还是震怒

1. Geospiza magnirostris.
2. Geospiza fortis.
3. Geospiza parvula.
4. Certhidea olivacea.

上图：达尔文在小猎犬号的航行中观察到的 12 只科隆群岛上的山雀中的 4 只的插图。

左图：达尔文参加英国皇家海军"贝格尔"号的航行之前的画像。

不已，那些觉得人类是猿猴的后代的想法无比可笑的人对他冷嘲热讽，丝毫不留情面。

科学界对这个观点本就持开放的态度，因此也很快就接受了进化论，但迟迟没有将达尔文的自然选择理论一并接受下来，直到 20 世纪 30 年代这一理论才得到主流科学界的认可。如今，这个理论已经成为生命科学的基石。

巴斯德

（1822—1895 年）

巴氏杀菌

　　19 世纪早期，包括医生在内的很多人都仍然相信，疾病是由瘴气，也就是含有腐烂物粉尘的有毒空气引起的。人们也认为，疾病并非由人传给人，而是因为身在一个有瘴气的地方才会生病。

　　千百年来，时不时就会有人出来说，疾病是由空气中的恶性粉尘以某种方式引发的。2世纪，古罗马医生盖伦推测，瘟疫通过"某些种子"传播。到了 16 世纪有一位名叫吉罗拉莫·弗拉卡斯托罗的意大利人，写下了专著《论传染和传染病》，让盖伦的这个观点再次为世人所知。

　　公元前 36 年，古罗马政治家马尔库斯·铁伦提乌斯·瓦罗提出，沼泽里有"肉眼看不见的某些微小生灵，飘浮在空气中，通过口、鼻进入人体，就能诱发严重的疾病"。他无意中命中了要害，然而接下来的约1600 年里，他的猜想一直没有得到重视。

　　他这个理论一直要到显微镜发明后才有可能得到证明。17 世纪德国耶稣会的牧师阿塔纳修斯·基歇尔也是早期的微生物学家，他研究了染疫者腐臭味的产出物和血液后，看到了肉眼看不见的"虫子"，便认为正是这种"虫子"让人感染的。现在的科学家认为他当时可能只是看到了血细胞，但他的想法无疑是对的。

　　后来还有一些人所进行的实验也开始取得与盛行的瘴气理论背道而驰的进展。维也纳的产科医生伊格纳兹·塞麦尔维斯注意到，如果医生刚做完尸检就直接来接生，产房里的死亡率会更高。仅仅是通过要求产科医生勤洗手，他就在不到 1 年的时间里让产房的死亡率从 18% 降到了 2%。英国伦敦的医生约翰·斯诺在追踪霍乱疫情的源头时，最后追到了一个受污染的水泵上面。他后来只是拆除了水泵上的手柄，迫使当地的人们不得不去别的地方打水后，就终结了那场疫情。

　　尽管这些成功事件都指向微生物致病的理论，但也还是要到路易·巴斯德在治疗通过微生物传播的疾病取得了引人注目的成果时，瘴气理论才终于寿终正寝。巴斯德是化学教授，他的研究却救人无数，他的研究是从研究不同酵母的发酵过程开始的。为了减缓有些不必要的发酵过程，他把液体短暂加热到 70 ~ 90℃再缓慢降温。后来人们管这个过程叫巴氏杀菌，目前仍然广泛应用于啤酒和牛奶的生产中。

　　这个结果让他也开始研究起葡萄和蚕的疾病来，因为这些疾病直接威胁到了法国这两条经济命脉。在蚕的情形中，致病原因是遗传性的微生物，在得知是蛾的卵携带有这种微生物后，巴斯德通过破坏蛾卵解决了这个致病问题。他用巴氏杀菌法杀死了葡萄里的微生物，也就终结了法国酿酒葡萄的大虫害。

接下来，巴斯德还研究了母鸡中的霍乱发病率。他在实验室里无意中犯了个错误，结果发现在接受了低剂量病原体之后康复的母鸡，就算后期暴露在完整剂量的病原体面前也不会再次感染了。他对这个结果很是欣欣鼓舞，随后又用同样的办法让牛对炭疽免疫。最后他还尝试过给人接种狂犬病疫苗，接种了 350 人，只有 1 人在接种后患上了狂犬病。

巴斯德在微生物学领域的成就证明：疾病是由微生物引起的。他严谨细致地建立了这个理论，他在此理论指导下的治疗也取得了巨大成功，这些成绩改变了医疗行业长期惯用的做法，从那时起他的这一理论每年都拯救了数百万甚至更多人的生命。

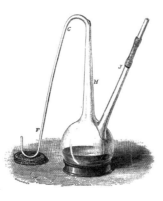

上图：法国巴斯德研究院，巴斯德博物馆中的藏品。
左下图：巴斯德谨慎地要求家人，在他死后不要披露他的笔记。
右下图：巴斯德用天鹅颈烧瓶证明，微生物发酵是由空气中的生物引起的。只有天鹅颈被破坏了，瓶子里的溶液才会发生变化。

97

麦克斯韦

（1831—1879 年）

电磁学理论

现代世界的大部分科学技术都有电磁学作为支撑。19 世纪的科学家在努力了解电和磁之间的关联时，其中的一位独具慧眼，用一系列的方程看到并定义了整个电磁学领域，为未来的科技发展打下了基础。

詹姆斯·克拉克·麦克斯韦很小就显露出来一些独特之处。比如，他寻根究底起来似乎总也得不到满足。从小时候起，他就对万事万物如何运转充满了永无止境的好奇心，从家里门铃中的电到食品储藏室里的水暖设备，他都想一探究竟。14 岁时，小小年纪的他就写了一篇关于椭圆曲线的几何学论文提交到了英国爱丁堡皇家学会。

1855 年，他在爱丁堡大学的时候，用实验验证了人类对颜色的感知，证明了红、绿、蓝三种颜色的光可以组成白光。1861 年，他用一组红、绿、蓝色的滤镜，冲洗了世界上第一张彩色照片。1857 年在剑桥大学时，他正确指出了土星环由颗粒物组成，这一点直到 20 世纪末才通过美国国家航空航天局的探测器得到证实。

麦克斯韦最伟大的成就是在伦敦国王学院取得的。1860 年，他在伦敦国王学院担任自然哲学教授，遇到了早年曾研究过电场和磁场中的"力线"的法拉第。麦克斯韦早就写过跟这种"力线"有关的文章，也很认同法拉第的这两种作用力有关联的推断。

现在他进一步发展了法拉第的想法，针对两者的性质做了一些实验并得出结论：法拉第的"力线"其实是以光速传播的电磁波。他认为，这个速度并非只是巧合，而是表明光也是同一种能量形式。现在我们知道，X 射线、微波和无线电波等其他形式的电磁波也同样如此，这些后来都成了我们现代生活的基础。

1861 年，麦克斯韦在一部理论性著作《论物理力线》中将他的结论公之于众。书中囊括了当时已知的关于电磁学的所有知识，并将这些知识提炼成 20 个数学方程，每个方程都定义了一个变量。这些微分方程不但总结了电磁学理论，而且预言了这个领域未来还会有什么发现，例如在外太空的发现等。

如今，这些方程已经进一步提炼为四个微分方程，叫作麦克斯韦方程组，它们干净利落地总结了电磁学理论。麦克斯韦的脑子在概念和形象化方面跟在数学上一样强大。然而他在 1879 年英年早逝，跟他妈妈在同样的年纪死于同一种疾病——胃癌，享年 48

上图：土星环。除了电磁学领域的工作，麦克斯韦还研究过气体中分子的运动，并证明土星环肯定由颗粒物组成。

岁。这个世界失去了有史以来最优秀的科学头脑。去世前他刚刚开始跟美国科学家威拉德·吉布斯通信探讨热力学相关领域的一些问题。这两个人如果通力合作又会取得怎样的成就，谁又能知道呢？

右图：年轻时的麦克斯韦。麦克斯韦被认为是有史以来仅次于牛顿和爱因斯坦的最伟大的物理学家。

克劳修斯

（1822—1888 年）

熵

19 世纪伊始，热力学——也就是研究热、功、温度和能量的学问，开始形成。科学家孜孜以求想要掌握这门新学科。最后，完善热力学定律、定义热力学核心概念熵的任务，落到了德国物理学家克劳修斯的身上。

如火如荼的工业革命，给科学家带来了如何让工业机器尽可能高效运转的压力。法国物理学家拉扎尔·卡诺于 1803 年出版了《平衡与运动的基本原理》，引发了一场科学讨论，其关注点是由机器产生但没能用于做功的能量。零部件松动、摩擦、齿轮未对齐，以及直接的热辐射等，都会消耗掉本应用来做有用功的能量，拉扎尔·卡诺也因此认定，永动机的梦想是不可能实现的。他承认存在能量的损失，可以说这也是后来的热力学第二定律早期的一个粗略陈述。

更多人进一步研究了能量损失的问题，其中就有拉扎尔·卡诺的儿子尼古拉·卡诺。他设想有一种发动机，因为发热而产生的能量损失可以通过让机器反向运转弥补回来。睿智的尼古拉·卡诺得出结论，这样一个过程会再次损失同样的热量。他秉承当时的正统学说，认为热量是以一种叫作热质的流体的形式在物体之间流动。尽管这个理论是错的，但热质的损失跟后来的熵的概念很相似，也更加让未来的热力学第二定律呼之欲出。

在 1850 年发表的《论热的移动力及可能由此得出的热定律》一文中，鲁道夫·克劳修斯讨论了尼古拉·卡诺的想法。他发现，尼古拉·卡诺所认识到的热量损失和能量守恒原理之间有点矛盾。在试图解决这个矛盾的过程中，他认真思考了热力学原理和原理背后的现实世界。在接下来的 15 年里，他以不同方式重新阐述了这些原理，还试图搞明白热量损失究竟是怎么回事。1865 年，他得出了这样两条定律：

宇宙的能量是恒定的。

宇宙的熵趋向一个最大值。

熵这个表述完全是由他自己所创造的，大体上来自希腊语中表示"内在转变"的一个词，其描述了封闭系统（不受外界影响、不开放的系统）内部能量损失的可能性，科学上也称之为无序。熵是用系统所有组分可以重新排列为多少种彼此不同的布局方式的数量来衡量的。

罐装空气清新剂是个很好的例子。只要空气清新剂的微粒都还封装在罐子里（形成一个封闭系统），就几乎没有重新排列成不同布局的余地，也就是说熵很低。但是如果按下按钮，把清新剂喷洒到空气中，这些微粒就会杂乱无章地分散到整个房间里，形成一个大得多的封闭系统，熵也会高得多。宇宙是我们能找到的最大的封闭系统，熵也自然是最高的。

熵是克劳修斯献给科学界的礼物，这个概念不仅能在热力学领域发挥作用，在信息领域也能大显神威，比如描述电话线路中某些信号的丢失，或互联网技术（IT）系统中的数据的丢失等。对人类来说，熵最高的状态就是能量完全丧失，也就是死亡。

上图：气溶胶雾滴从低熵变成高熵。

上图：克劳修斯关于熵最著名的观点以德语发表于 1854 年："如果没有与之相关、同时发生的其他变化，热永远不可能从温度较低的物体自发传给温度较高的物体。"

孟德尔

（1822—1884 年）

遗传学

孟德尔终其一生都十分容易抑郁，但他在修道院的菜园里找到了独处和宁静的时光。他也在那里发现了生命的秘密，或者说，至少也是生物特征在一代又一代生命中延续或消失的方式。后来的遗传学家在过了 30 多年后才赶上了他的步伐。

格雷戈尔·孟德尔出生在奥地利帝国的海因岑多夫，现在属于捷克共和国，此地位于该国的东南部。他父亲希望儿子能帮忙打理家里的小农场，而从事耕作也许确实影响了孟德尔后来的人生道路。数千年来，人类一直在通过杂交农作物和牲畜来提高产量，可以说也是在践行遗传学的那一套。但尽管孟德尔小时候很喜欢养蜂、侍弄园艺，他还是选择了去附近的大学城奥洛穆茨学习科学。

之后，孟德尔没有回家务农，而是去了另一个大学城布尔诺的圣托马斯修道院。他这么做部分原因也是为了解决经济问题，这样一来他就可以继续学习，又不用担心食宿费用了。

这家修道院把孟德尔派往了今捷克和奥地利边境的兹诺伊莫，让他在那里的一所学校任教，之后又送他去维也纳继续脱产学习自然科学。在那里，他师从多普勒（提出多普勒效应的那一位）学习数学和物理，还师从弗朗茨·昂格尔学习植物学。昂格尔是显微镜的早期推动者，当时也在研究达尔文之前的进化论。

从维也纳回到布尔诺的修道院之后，孟德尔再次被分配到当地的一所学校任教，修道院院长也准许他在修道院的菜园中规划并进行一项大规模的植物学实验。

在孟德尔的那个年代，人类对遗传学的了解还十分有限。很明显，生物学特征可以遗传，比如面部特征和某些疾病等。但人们认为这个过程就是把父母的特征均匀混合起来，极端情形也以某种方式平均掉了。但孟德尔的新实验证明，情况并不是这样。

孟德尔开启了一项计划，在不同品种的食用豌豆之间进行异花授粉。豌豆很容易种植，生长迅速，因此收获和分析结果都可以快速进行。豌豆有很多品种，他选择了 7 个高矮、颜色、质地和花的位置有明显区别的品种，由此发现了显性基因和隐性基因。例如，黄色豌豆和绿色豌豆杂交，下一代只会出现黄色豌豆，但如果用第二代豌豆自花授粉，再下一代就会在黄色豌豆中重新出现绿色的，绿、黄之比大致为 1∶3。黄色就是显性基因，绿色则是隐性基因。

孟德尔提出了两条遗传定律。其一是分

离定律，指出性状遗传是由显性基因和隐性基因决定的，而不是基因的混合；其二是独立分配定律，即性状是各自独立遗传下去的，而不是打包遗传。

孟德尔在布尔诺的一次演讲中介绍了自己的研究结果，也发表了一些论文，但并没有大张旗鼓地宣传。修道院的工作占去了他绝大部分时间，尤其是在他被任命为圣托马斯修道院院长之后。他的成果一直鲜为人知，直到 35 年后另一些遗传学家开始重复他的结果，尤其是荷兰植物学家胡戈·德弗里斯和英国生物学家威廉·贝特森，"遗传学"这个词就是

后面这位在 1905 年提出来的。孟德尔的研究非常有开创性，即使在他死后也仍然推动了染色体和 DNA 结构的发现。

上图：孟德尔于 1884 年去世。他去世 100 周年之际，德国邮政集团为他发行了一枚纪念邮票。

左图：《食用豌豆花色的孟德尔式遗传》，摘自达尔比希尔 1912 年在伦敦出版的《育种与孟德尔发现》。

PLATE IV.—MENDELIAN INHERITANCE OF THE COLOUR OF THE FLOWER IN THE CULINARY PEA

Two flowers of a plant of a pink-flowered race. — Two flowers of a plant produced by crossing the pink with the white. — Two flowers of a plant of a white-flowered race.

门捷列夫

（1834—1907 年）

元素周期表

门捷列夫这一辈子都渴望着在混乱中建立秩序，这种渴望也是他永远的驱动力。他想让一切都分门别类和井然有序，他发现了元素周期律，还编制了一份终极列表——元素周期表。

德米特里·门捷列夫出生在俄国西伯利亚以前的行政中心托博尔斯克。13 岁时，他的父亲在那里去世了。他妈妈想把家里以前的玻璃厂重新开起来，但一年后工厂又烧毁了，妈妈便带着他这个最小的孩子门捷列夫一路向西，希望碰到更好的机会。他们在圣彼得堡安顿下来，这里远离西伯利亚，门捷列夫的父亲曾经在这里上学，他妈妈 1850 年也在这里去世了。

门捷列夫后来在圣彼得堡大学任教。这所大学的化学教材都乏善可陈，门捷列夫亲自操刀编写，解决了这个问题。在撰写关于两组相似元素（卤素和碱金属）的性质的章节时，他注意到每组元素中元素的原子量彼此都很接近。

当时已经有很多人尝试把元素排列起来，但大部分人都是从英国化学家威廉·普劳特的理论出发，也就是认为所有元素都是从同一个来源发展而来。因此，大部分排列方法都看起来更像是系谱图，一点儿都不像列表或者表格。但门捷列夫有所不同，他认为每种元素都很独特，只有在化合物中才会跟其他元素产生关联。

几年前的一次会议上，意大利化学家坎尼扎罗发表的一篇论文引起了他的注意，让他开始关注原子量。现在他突然想到，按照原子量把所有元素都排列起来，从而让元素属性都有章可循，可能是将元素出于教学目的组织起来的好办法。在构建这张列表时，他提出了所谓周期律。用他自己的话来说就是："根据原子量的数值排列起来的元素，呈现出明显的周期性。"周期性的意思是说，这些元素在相同情况下都会表现出相似的性质。

但写成列表后并没有让门捷列夫满足，他又着手用图表的形式展现元素信息，并最终制定出元素周期表，一直到今天我们都还在用。不过门捷列夫那时候只知道 63 个元素，今天我们用的周期表，比他在当时所制定的庞大多了。但他的周期表非常有逻辑，他甚至都可以利用其中的空格来预测新元素的发现，以及新元素可能具备什么性质。1875 年发现的镓，1879 年发现的钪，还有 1886 年发现的锗，每一次都证明了他的排列方法毋庸置疑是有效的。

1905 年和 1907 年，门捷列夫先后两次获得诺贝尔化学奖提名。但是，这两次他都

因为瑞典化学家斯万特·阿伦尼乌斯在背后使绊子没能最终获得这份荣誉。阿伦尼乌斯在 1903 年获得过诺贝尔化学奖，但门捷列夫对他的理论瞧不上眼。

门捷列夫的科学生涯大部分时间都在为祖国服务。他对俄国农业的效率非常关心，还研究过美国和阿塞拜疆的石油和天然气工业。这样一位追求完美和井井有条的人，在 1893 年被任命为俄国度量衡局的负责人，可以说是恰如其分了。在这个职位上，他把米制引入了俄国，但伏特加酒 40 度的标准并不是他设立的（虽然老有人这么说）。

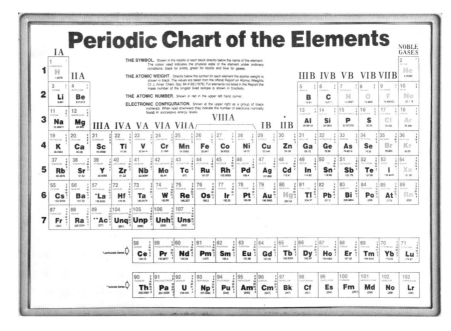

上图：全世界任何地方的中学化学实验室里都能见到元素周期表。（注：元素周期表还在持续更新中。）

约翰·弗莱明

(1849—1945 年)

左手定则和右手定则

约翰·弗莱明的耳朵不大好，但他把这个劣势变成了积极的力量。因为不大听得见，所以他不会分心，可以专注于手头的科学问题。他用自己的创造性思维设计了两条非常直观的规则，一直到今天电气工程师都还在运用。

约翰·安布罗斯·弗莱明提出右手定则和左手定则是为了帮助他在伦敦大学学院的学生，他是这所学院的第一位电气工程学教授。他自己上的是剑桥大学，1877 年最后一批听过电磁辐射先驱麦克斯韦讲课的人里面就有他。

约翰·弗莱明在注册去上麦克斯韦的课之前就跟这位老师通过信，但他发现这位老师讲起课来晦涩难懂，"自相矛盾，还爱掉书袋"。他从这个反面教材中吸取了教训，自己上起课来就会力求清晰准确。左手定则和右手定则就是在这种情况下产生的。

这些规则非常直观地表达了电流、磁场和运动在发电机（右手）和电动机（左手）中的相互关系。无论用哪只手，拇指、食指和中指都要相互成直角伸出：

· 拇指指向推力或运动的方向

· 食指指向磁场方向（从北极到南极）

· 中指指向电流方向（从正极到负极）

弗莱明不但在大学任教，也亲身参与了电气行业，并在两者之间取得了很好的平衡。他同时在爱迪生电灯公司和马可尼无线电报公司担任顾问，亲身体验并着手解决了电力在实际应用中会碰到的一些问题。1901 年，古列尔莫·马可尼成功进行了首次横跨大西洋的无线电传输，用的就是约翰·弗莱明设计的发射器。

约翰·弗莱明当时和公司签署过一项协议，规定如果传输成功，所有功劳都会归到马可尼的名下。马可尼只是在发电厂对约翰·弗莱明等人在发射器上进行的工作简单地表示了感谢，而且就好像这还不够厚颜无耻一样，马可尼这个靠别人的想法创立自己事业的人，把曾经允诺给约翰·弗莱明 500 股公司股份的事情也忘到了九霄云外。他要是真给了，这位工程师也能成为有钱人了。约翰·弗莱明一直默默压制着自己的愤恨，直到 1937 年马可尼去世后，他才终于觉得自己可以把这个事儿讲出来了。

尽管如此，他也还是在为这家公司工作。在尝试改善长距离无线电接收效果的过程中，他发明了二极管，后来也叫作弗莱明管，并在此后 50 年都一直用在雷达和无线电设备中，直到固态电子器件发展起来。

正是因为这个不起眼的创新，商业广播才有可能发展起来。有了二极管，美国发明家李·德福雷斯特才能发明三极管，摇滚吉他手在对通过真空管放大器演奏的优点赞不绝口时说到的，就是这种三极真空管。

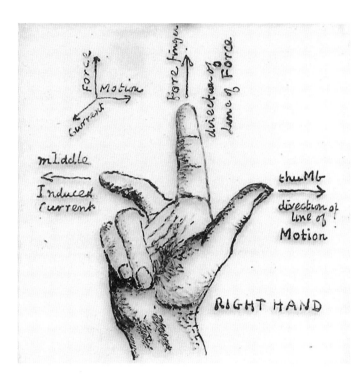

上图：约翰·弗莱明的示意图，如今保存在伦敦大学学院（左图，也是他教授电气工程学的地方）。约翰·弗莱明的左手定则、右手定则能够帮助学生确定磁场方向、导体运动方向和由此产生的电动势方向。

对页图：约翰·弗莱明为托马斯·爱迪生和马可尼工作。他为马可尼设计的无线电发射机，帮助马可尼成功实现了第一次横跨大西洋的无线电传输。

海因里希·赫兹

（1857—1894 年）

无线电波

搞研究的科学家都是只知理论、跟社会有点脱节的书呆子，这个形象通常是一种有失公允的刻板印象。但是那个发现了无线电波的人完全看不出无线电波在社会中能有什么应用，他说，无线电波"毫无用处"。

今天，无论是电视还是智能手机，我们的生活许多都完全依赖于无线电波。在科学研究和深空探测中，无线电波都起着十分重要和核心的作用。但当有人问到海因里希·赫兹他的发现能用来干什么时，他答道："我觉得什么用处都没有。"

赫兹出生在德国汉堡，他的科学天赋很早就表现出来了。在莱比锡和慕尼黑就学之后，他去了柏林，攻读了博士学位。他在柏林的导师赫尔曼·冯·亥姆霍兹建议他，潜心研究英国物理学家麦克斯韦的工作。

麦克斯韦是数学家、物理学家，从理论上提出了电磁波的存在。他于 1864 年提出的这个理论在数学上有严密的支持，后来人们称之为麦克斯韦方程组，但一直没有人能给出证据证明他是对的。

亥姆霍兹认为赫兹能胜任这个任务，但

上图：赫兹要是知道这座位于德国汉堡，高 279.2 米的赫兹塔是因为他的贡献才建起来的话，肯定会大吃一惊。

赫兹想不出来可以建造什么设备来给出这样一个证明。于是他转而研究起电磁感应来，不过他也确实钻研过麦克斯韦方程组，发现这些方程从数学角度来看好像还挺合理的。

7 年后，赫兹被任命为卡尔斯鲁厄工业大学的教授。他用由一对导体组成的感应线圈做实验，发现其中一对导体上的高压放电使另一对导体上出现了火花，他为此大感意外。对于亥姆霍兹最早给他布置的任务来说，这次发现似乎给出了起点。

随后 3 年，赫兹定期跟以前的导师通信，并继续做实验。他的实验产生的电磁波可以测量，而且符合麦克斯韦方程组。这些电磁波穿过空气的方式跟光线一模一样，这证明了麦克斯韦的理论确实是对的，即光和热是电磁辐射的不同形式。

赫兹很高兴发现了这些现象，这种波好些年里都一直叫作"赫兹波"，直到"无线电波"这个词流行起来。但是，他对无线电波并不感兴趣。他说："这只是一个证明麦克斯韦大师对了的实验。我们有这些神秘的电磁波，虽然用肉眼看不到，但它确实存在。"

但其他科学家却对这个发现追捧有加。马可尼等人看到了无线通信的可能性，他们先是实现了点对点的无线通信，随后是无线电广播，最后是电视、电话和卫星网络等。如今的现代生活非常依赖于赫兹的发现，而他的名字也在"赫兹"这个国际单位中保留了下来，指的是任何给定事件或波每秒发生周期波动的次数，即频率单位。

上图：赫兹看不出来自己的发现能有什么应用。

右图：赫兹振荡器，赫兹用来做电磁波实验的装置。

弗里德里希·莱尼泽

（1857—1927 年）

液晶

大家都知道物质有三种可能处于的状态：固态、液态和气态。比如说水就可能处于冰、液态水和水蒸气这样三种状态。因此，奥地利植物学家莱尼泽在发现有些化合物有两个熔点，且在这两个熔点之间会表现得既像液态又像固态的时候，感到大惑不解。

弗里德里希·莱尼泽出生在布拉格，这里当时属于奥地利帝国。他学的是化学，他对植物化学特别感兴趣，花了很多时间研究胆固醇及其衍生化合物的性质。

其中，胆甾醇苯甲酸酯的表现最出人意料。这种物质加热到 145.5℃（293.9 °F）时，会从固态熔化为浑浊的液体，但如果进一步加热，把温度提高到 178.5℃（353.3 °F）时，这种物质就会经过进一步的状态变化，再次熔化成透明液体。

另外一些植物化学家也已经注意到，胆固醇的衍生物在加热过程中外观是渐变的，但他们都觉得这只不过是温度变化带来的视觉效应罢了。值得称道的是，莱尼泽还想了解更多。他研究了胆甾醇苯甲酸酯在两个熔点之间的情形，发现它这时候不仅看起来色彩斑斓，而且能发生双重折射——也就是说光线通过它时可以产生两个图像。

莱尼泽得到的这些结果足以让他推断出，跟处于较高熔点以上的液态比起来，这种中间状态肯定有不同的结构。他跟德国晶体学家奥托·雷曼通信探讨这个问题，还比较了不同的样品。雷曼用显微镜证实，这种中间状态虽然是液体，但看起来也像是晶体。1888 年，莱尼泽向奥地利化学学会提交论文介绍了自己的发现，也谈到了这种新状态在偏振光下不同寻常的光学特性。

但接下来他就把这件事儿放在一边了。这位奥地利植物学家没有继续追寻下去，因为在他看来，这事儿对植物学好像没多大用处。但是，雷曼对这个现象非常感兴趣，也在继续寻根究底。他从显微镜里看到的晶体表明，这种中间状态是固态，但又可以像液体一样流动。"液晶"（liquid crystal）这个词，就是他在 1904 年创造出来的。

他和另一位德国科学家丹尼尔·福尔兰德尔通过实验全面研究了液晶的性质，还在实验室里合成了很多种液晶。尽管这个发现和他们的研究在当时激起了大家相当大的兴趣，但一般人只觉得，液晶不过是个新鲜玩意儿罢了。那时候原子物理学才是科学研究的前沿，因此没有人觉得液晶有什么实际用途，对液晶的兴趣也就逐渐降低了。

直到 1958 年整个世界都已经完全进入

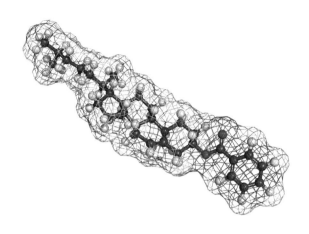

上图：胆甾醇苯甲酸酯液晶分子。原子用带有常规颜色示意的小球表示：氢原子（灰色）、碳原子（黑色）和氧原子（红色）。

下图：美国无线电公司拥有在显示器中应用液晶显示技术的早期专利，但是在 20 世纪 70 年代，他们的研究团队解散了。

原子时代之后，人们对液晶的好奇心才重新燃起。辛辛那提大学的格伦·布朗就在那一年发表了一篇跟液晶有关的文章，之后又在 1965 年组织了一次会议，推进了以实现实际应用为目的的液晶研究。在研究液晶的科学家理查德·威廉姆斯发现让电荷穿过很薄的一层液晶会出现什么效果之后，美国无线电公司（RCA）等电子公司便开始考虑如何将液晶用于平板显示器了，这也是最早尝试这么做的公司之一。

今天，从手表到电脑屏幕，液晶显示器（LCD）已经成为我们日常生活中最重要的一部分。在洗涤剂中，在一些蛋白质和细胞膜中也都可以发现液晶，后者更像是在提醒我们，液晶是植物学家最先发现的。

拉蒙·伊·卡哈尔

（1852—1934 年）

神经元理论

卡哈尔是脑神经疾病的先驱，也是第一位获得诺贝尔奖的西班牙人。

拉蒙·伊·卡哈尔小时候想当艺术家，这让他身为外科医生的父亲大失所望。后来父亲终于说服儿子上了医学院，条件是带他去墓地里画死人的骨头。上完学后，卡哈尔在萨拉戈萨大学和巴伦西亚大学先后担任过多个职位，并开始对细胞生物学感兴趣。

在被任命为巴塞罗那大学教授后，卡哈尔偶然发现了卡米洛·高尔基的工作成果，这位意大利医生设计了一种对神经细胞（神经元）染色的方法，以便进行研究。卡哈尔的好奇心被勾起来了。

那时候神经学还处于早期发展阶段。勒内·笛卡儿（1596—1650 年）猜测，人类对刺激做出反应是神经系统作用的结果。路易吉·伽伐尼（1737—1798 年）则证明，电荷刺激可以让肌肉收缩。捷克生理学家扬·浦肯野（1787—1869 年）对细胞的研究很有开创性，他也是第一个描述神经元的人。人们认为，神经系统就像循环系统一样，是由连续的神经组成的网络，这就是神经生物学的网状结构理论。

高尔基的染色法首次让识别大脑中的神经元成为可能，这是医学研究中的重大突破。但是高尔基认同网状结构理论，也认为他的所有观察结果都在支持这个理论。

卡哈尔用高尔基的染色法做了实验，发现了一种可以让染色剂附在更多细胞上的方法，于是得到了更多的研究材料。他还在显微镜下观察了深层组织的样本。结果非常可观：卡哈尔看到，神经元相互分离——彼此相邻但并不连续。他也看到了神经元上的突起，即突触，神经细胞之间就是通过这些突触进行交流的，这还是人类第一次观察到这些。

卡哈尔关于神经细胞的这些发现后来就叫作神经元理论，这也打开了现代神经科学的大门。对神经系统如何运转有了正确的了解，才有可能找出神经系统出问题的原因，甚至还有可能解决这些问题。卡哈尔改进过的染色技术，已经被证明在诊断脑瘤时很有用处。少年艺术家卡哈尔如果知道他成年后画下的带树状突起的神经元的图到现在都仍然用在神经生物学的教学中，肯定会非常欣慰。

高尔基完全不认同卡哈尔的发现。所以，当诺贝尔奖委员会在 1906 年决定让高尔基和卡哈尔共同分享这一年的生理学或医学奖时，实在是很叫人惊讶。既然他俩各自支持的网状结构理论和神经元理论水火不容，那肯定有一个是错的。但是，如果没有高尔基的染色法，卡哈尔无疑也不可能在神经科学领域做出自己的发现，他在自传中也承认了这一点。

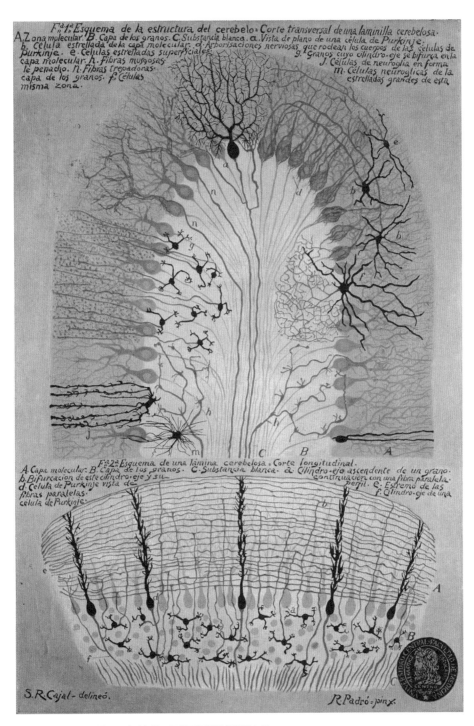

上图：小脑的显微解剖图，卡哈尔绘，马德里医学院佩德罗上色。

德米特里·伊凡诺夫斯基

(1864—1920 年)

病毒

病毒能以极快的速度传播开来，2019 年以来的新型冠状病毒肺炎疫情就是最好的证明。然而在 150 年前，我们都还完全不知道有病毒存在。病毒的发现，要归功于烟草的一种病害。

病毒是非常小的微生物，是由蛋白质包裹着的遗传物质。尽管从 18 世纪末开始已经在用疫苗来预防天花等由病毒引起的疾病，但它对病毒的作用，人们还想都没有想过。

细菌跟病毒不同，是另一种微生物，最早发现于 17 世纪。随后几个世纪我们对细菌在疾病中的作用越来越了解，尤其是 1854 年在伦敦的布罗德街爆发了那场著名的霍乱之后。内科医生斯诺让人们不要去布罗德街那个已经被污染的水泵打水，就此阻止了疾病传播。那时候，有些供水公司已经开始过滤所供应的水，另一些公司也开始效仿。

德米特里·伊凡诺夫斯基是来自俄国圣彼得堡的植物学家。1887 年，他被派往比萨拉比亚和乌克兰，1890 年又被派往克里米亚，都是去调查在当地肆虐的一种植物病害。

上图：伊凡诺夫斯基于 1864 年出生于俄国圣彼得堡附近的尼齐。1964 年他诞生 100 周年之际，他的祖国为他举行了纪念活动。

那些地方的经济支柱——烟草种植园都深受其害。烟草身上最有用的就是叶片，因为这种病害叶片布满了白色斑点，植株的生长也受到了阻碍。

人们怀疑是细菌作祟，而且已经知道，与之相邻的植株会互相感染。为了分离出细菌，伊凡诺夫斯基把被感染的烟叶做成溶液，并用一种非常精细的陶瓷过滤器来过滤。这种过滤器当时刚由法国微生物学家夏尔·尚贝兰发明出来，可以过滤出细菌。

但是，过滤后的溶液让烟草染病的能力跟没过滤的一模一样，这让伊凡诺夫斯基大感意外。这样一来，他也就知道自己发现了疾病传播的一种新机制。今天我们知道伊凡诺夫斯基发现的是一种病毒，但当时他只是认为，这肯定是一种新的很小的细菌。

伊凡诺夫斯基写下了他的发现，但没有

继续研究。8年后，荷兰微生物学家马丁努斯·拜耶林克重复了伊凡诺夫斯基的实验并得出结论，认为造成感染的不是细菌，而是另一种完全不同的东西。"病毒"这个词，正是这位拜耶林克首创。

伊凡诺夫斯基发现的就是烟草花叶病毒，这也是第一种结晶出来并用了电子显微镜来分析其结构的病毒。1955年，开创了DNA（脱氧核糖核酸）研究的英国科学家罗莎琳德·富兰克林发布了这种病毒的结构。

跟其他任何前沿科学比起来，病毒学都更像是一场斗智斗勇的游戏。1980年，通过密集的疫苗接种项目，天花病毒被彻底根除。但是，病毒总是会进化成毒性更强或更弱的毒株。新的病毒会继续出现，比如1976年发现的埃博拉病毒，1981年发现的人类免疫缺陷病毒（HIV），以及2019年以来的新冠肺炎病毒等。科学界能迅速发明新冠疫苗，追根溯源还要归功于伊凡诺夫斯基和拜耶林克在19世纪90年代的工作。

右图：宽大的烟叶上的烟草花叶病毒，让一切都显而易见。

伦琴

（1845—1923 年）

X 射线

有些科学发现属于有心栽花，但也有些发现属于无心插柳。但是正如古罗马哲学家塞涅卡所说："机会碰上准备，好运才会来临。"伦琴抱着开放的心态研究着一个现象，也就意味着他为另一个发现做好了准备。

威廉·伦琴的教育经历屡遭中断，但他还是表现得很有决心和毅力。他毕业于瑞士的苏黎世联邦理工学院，曾师从克劳修斯和奥古斯特·孔德，前者是热力学先驱，后者则在多种气体中拿光和声音做过实验。孔德看出伦琴的意志坚定，便聘请他与自己一起去维尔茨堡大学就任新职，担任他的助理。

在另外一些大学先后担任过讲师和教授等职位后，1888 年，伦琴回到维尔茨堡大学，开始担任物理学教授，把孔德对气体的研究继续做了下去。跟孔德一样，伦琴对光在不同条件下的折射，包括电磁场对偏振光的影响等，都非常好奇。当时科学界对电还没有多少了解，对科学研究者来说，这个领域就是一片处女地。

1895 年年底，伦琴在用阴极射线管和鲁姆科夫感应线圈做实验时，意外发现了

上图：伦琴是个狂热的摄影爱好者，就是徒步旅行的时候也会带着盒式相机。

一个新现象——鲁姆科夫感应线圈可以向真空管放出高压电。流经真空管中细丝（就像灯泡里的灯丝一样）的电流，现在人们已经知道是阴极射线。伦琴想观察一下这个过程中的荧光效应。

可是结果都出人意料，荧光出现在离阴极射线管好几米远的一块涂有氰亚铂酸钡的感光板上。这就等于告诉伦琴，一定是有一种以前无人知道的射线在起作用。因为这种射线看不见，所以他认为不是光线，而是某种新的发射物。因为不知道它是什么，所以他称之为 X 射线。现在我们知道，X 射线跟光一样，也是一种电磁辐射，但频率比可见光要高。

伦琴用不同材料挡住射线管继续试验，发现有些材料能挡住更多的 X 射线。有一次，当他把妻子的手放在射线管和感光板之间，结果

感光板上出现了妻子手部骨骼的图像，把他妻子吓得不轻。对于X射线来说，骨骼没有周围的血肉那么透明。伦琴此举不仅拍摄了历史上第一张X光片，也确定了这种图像有重大的医学用途。

后来人们把这种射线命名为伦琴射线，这样的照片也叫作伦琴图。对于身体内部的疾病，以前只能靠猜来动手术，现在伦琴射线成了医学诊断工具，改变了内科疾病的治疗方式。1901年，也就是诺贝尔奖开始颁发的第一年，伦琴就因为这个发现而获得了物理学奖。跟近年来更复杂的扫描检查设备相比，X射线的图像细节有限，但即便如此，X射线仍然是在世界各地治病救人的得力助手。

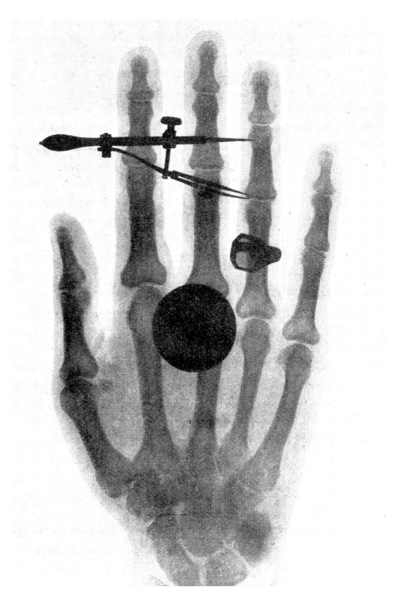

上图：1896年，伦琴为妻子安娜的手成功拍摄了这张X光片，并于同年1月5日在维也纳一家读者众多的报纸《新自由报》上发表，引起了公众注意。

阿伦尼乌斯

（1859—1927 年）

二氧化碳与全球气温

阿伦尼乌斯博学多才，他在化学和物理学这两个领域都受过训练，也在这两个及其他领域都做出了重要的科学贡献。但今天我们很多人会记住他，是因为他在全球变暖问题上的先见之明。

斯万特·阿伦尼乌斯早年研究的是可以导电的溶液——电解质。1884 年他在乌普萨拉大学提交的博士论文中就有后来让他获得了诺贝尔奖的大发现的雏形，即就算没有电流，电解质也会在溶液中分解为带电离子。

他在乌普萨拉大学的导师没觉得他这篇论文有多了不起，部分原因是阿伦尼乌斯也很嫌弃他们，认为他们的思想愚钝、僵化，所以翘了他们的课，跑去位于斯德哥尔摩的瑞典皇家科学院去听课。阿伦尼乌斯把这篇论文寄给欧洲各地更为开明的一些科学家后，他们的反应对他来说极为鼓舞人心。

1903 年，阿伦尼乌斯获得了诺贝尔奖，是第一位获奖的瑞典人。1900 年阿伦尼乌斯就参与创立了诺贝尔基金会，此后也一直在诺贝尔奖物理学委员会和化学委员会任职。

上图：阿伦尼乌斯认为全球变暖是好事。

他坚持认为，诺奖的提名不应该仅限于斯堪的纳维亚半岛，而是应该也接受国外的科学家，这样才能确保诺贝尔奖成为全球性的国际大奖。但也必须指出，他也没有那么清高，也做出过提名自己的朋友并阻挠论敌获奖的事情。

阿伦尼乌斯晚年的职业生涯转向了生物化学，研究起免疫学以及毒素和解毒物质的作用来。在天寒地冻的瑞典，他对冰河时代的成因也非常好奇。法国物理学家约瑟夫·傅里叶在 19 世纪 20 年代首次提出，地球的大气层就像温室的玻璃一样，能留住从太阳那里得到的部分热量。尽管温室效应的类比有点失之于简单化，但还是流传开了。爱尔兰科学家约翰·丁达尔在研究红外辐射时，于 19 世纪 60 年代首次准确得出了哪些气体在留住热量方面效率最高。在他发现的所谓温室气体中，二氧化碳能够吸收的波段很宽，这证实了法国物理学家、数学家克劳德·普雷特的猜测，即水蒸气和二氧化碳是温室效应的主力军。

阿伦尼乌斯在自己的计算中援引了普雷特的成果。通过对月球的红外观测，他估算了温室气体截留了多少热量，并发现如果大气层中二氧化碳含量减半，全球气温将会下降5℃左右。这么大的幅度足以形成冰河时代，这个结果也鼓舞了阿伦尼乌斯，让他开始估算二氧化碳含量显著上升会有什么影响。

结果也是一样：二氧化碳含量加倍的话，全球气温会上升5℃。

阿伦尼乌斯继续研究，并在1896年预测，由于工业时代对化石燃料的依赖，大气中的二氧化碳含量会在未来500年间翻番。他认为，全球变暖对瑞典的气候来说是好事。但我们今天的认识有所不同，他的理论和计算经过了严格检验，已经被证明是正确的。今天，这些理论和计算是气候科学的核心内容。

居里夫人

（1867—1934 年）

放射性理论及钋和镭的发现

毫无疑问，居里夫人是最著名的女性科学家，她整个一生都致力于放射性的研究，最后也是因为放射性研究而去世。她的工作带来的好处，拯救了数百万人的生命。

居里夫人婚前在娘家的名字是玛丽亚·斯克沃多夫斯卡，她出生于波兰华沙。她妈妈经营着一所寄宿学校，父亲是物理老师。当时波兰被俄国占领，但父母两人都是热忱的爱国主义者。因此，玛丽亚一生都保持着自己的波兰情结，她后来用自己出生的国家来命名一种新发现的元素，可不是出于偶然。

她的性别让她无法在波兰上大学正式地学习科学，但是她从父亲那里，以及在波兰爱国者为保护波兰文化而组织起来的地下性质的"移动大学"中学了很多东西。她能找到的所有科学书籍她都读过，她还有在华沙的工农业博物馆实验室工作的实践经验。为了挣钱去巴黎留学，她做了一段时间的家庭教师，随后于 1891 年移居巴黎。在巴黎，她跟年轻的物理研究员皮埃尔·居里共用一个实验室，1895 年，两人喜结连理。

居里夫人的创造力被科学前沿的新发展激发了。在她成婚后没几个月，德国物理学家伦琴就发现了 X 射线。第二年，法国物理学家亨利·贝克勒尔在铀化合物中发现了辐射，并命名为"铀射线"。居里夫人认定，这个领域引人入胜，那博士学位的研究就在这儿了。

在研究沥青铀矿时居里夫人发现，这种铀矿的辐射甚至比只有铀的时候还要强，那这种矿物肯定含有另一种辐射更强的元素。她创造了"放射性"这个词，并开始研究其他元素的放射性。

在分析沥青铀矿时，她发现了两种全新的元素，尽管含量很少，但在这种矿物里面却是放射性更强的成分。她把第一种元素命名为钋（Po），来自法语中表示她的祖国波兰的词。第二种她称之为镭（Ra），来自拉丁语中表示"射线"的词。数吨沥青铀矿矿渣中，只能提炼出约 0.1 克的氯化镭。

由于他们在放射性领域的工作，居里夫妇于 1903 年与贝克勒尔一起分享了那一年的诺贝尔物理学奖。又过了 7 年，她才从沥青铀矿中分离出纯净的镭。1911 年，因为发现了镭和钋，她又获得了诺贝尔化学奖。她是第一位两次获得诺贝尔奖的人，而截至 2021 年，曾在两个不同的领域得过诺奖的人，连她在内也只有两个。

尽管有这样的成就，身为女性的她还是

无法获准于 1903 年在位于伦敦的英国皇家学会上发表演讲介绍自己的发现，最后不得不由丈夫皮埃尔来宣读。法国科学院也认为不能将她或任何女性选为院士，直到 1962 年，才有一名居里夫人以前的学生成为法国科学院的首位女院士。

居里夫妇注意到镭对皮肤细胞会形成有害影响，并且杀死癌细胞要比杀死健康细胞更快。但是，他们没有充分认识到，放射性元素会对身体内部造成怎样的伤害。整个第一次世界大战期间，居里夫人一直都在前线，用被叫作"小居里"的 X 光机帮助治疗了上百万名伤员，但她并没有采取任何防护措施来保护自己。到了 1934 年，她这一生受过的辐射累积起来要了她的命。她留下来的一些笔记本，到现在检测都仍然有放射性。

上图：居里夫人是第一位两次获得诺贝尔奖的人。波兰知识分子组团劝说她返回波兰，在祖国继续做研究，但她并没有回去，而是说服法国政府帮助她创建了镭研究所。

上图：皮埃尔·居里和玛丽亚·斯克沃多夫斯卡。在巴黎完成学业后，玛丽亚回到了祖国波兰，但皮埃尔写信恳求她回到法国。

卡尔·兰德施泰纳

（1868—1943 年）

血型

在 19 世纪，输血是一种很有风险的干预治疗手段。大多数时候输血都会引发血液凝集反应，甚至可能夺去生命。人们知道输血很危险但并不知道其原因，直到美籍奥地利裔免疫学家兰德施泰纳出现，才终于真相大白。

卡尔·兰德施泰纳在奥地利的维也纳上学的时候学的是医学，那时候他就已经对免疫学很感兴趣了。他学生时代有篇论文写的是饮食对血液的影响。但在取得博士学位后他没有去行医，而是在德国和瑞士学起了化学。

1893 年，兰德施泰纳回到了维也纳，在那里的病理解剖研究所工作。据说接下来的 10 年里他做了 3600 多次尸检，而且在生理学的很多细分领域，包括跟细菌和病毒有关的领域，他写下了大量文献。他还专门研究了血清，这是一种黄色液体，人体中的血细胞就是由血清带着在血液系统中循环往复的。

他发现，如果两个人的血液放在一起会出现凝集反应，那是因为其中一个人的血细胞碰到了另一个人的血清。之前人们认为凝集反应是由疾病引起的，但兰德施泰纳很清

上图：1968 年，兰德施泰纳 100 周年诞辰之际，奥地利发行的邮票。

楚，他的两份样品都来自健康的人。

他用来自其他人的更多的样本做了实验，发现其中一些放在一起之后没有凝集，因此推断出并非所有人的血都是一样的。经过一系列测试，他发现了 4 种最常见的血型，今天我们称之为A 型、B 型、AB 型和 O 型。会发生血液凝集，是因为其中一种血型的血细胞携带的群特异性抗原会被另一种血型的血清视为外来之敌，让两种血液无法相容，从而引发作为免疫应答的血液凝集反应。

兰德施泰纳还弄清楚了血型的高下之分：O 型血的人可以给任何人输血，但自身只能接受 O 型血；A 型血可以接受 O 型血，但不能接受 B 型血，倒是可以给 AB 型血的人输血（B 型血与此类似）；AB 型血可以接受任何血型，但给 AB 型血之外的任何血型输血都不安全。

首次根据兰德施泰纳的发现进行的输血，于 1907 年在纽约的西奈山医院进行。兰德施泰纳获得了 1930 年的诺贝尔生理学或医学奖，以表彰他发现的血型拯救了无数人的生命。兰德施泰纳也预见到，这个发现不仅对病人有明显的好处，而且可以在犯罪实验室中大显身手，因为确定了证据上的血型就能大幅度缩小嫌疑人范围。1937 年，兰德施泰纳又跟亚历山大·维纳一起在血液中发现了 Rh 抗原。

就算兰德施泰纳从来没研究过血液凝集反应，他也还是会在免疫学家的名人堂中占有一席之地。他曾说自己能发现血型纯靠运气，任何人都有可能发现。他和同为奥地利人的埃尔温·波佩尔一起发现了脊髓灰质炎病毒，后来乔纳斯·索尔克在此基础上才能在 20 世纪 50 年代开发出脊髓灰质炎疫苗。

他利用维克多·穆哈新发明的暗视野显微镜，还发现了会让人染上梅毒的病毒。

他最引以为傲的发现是一种叫作半抗原的小分子，它只有跟较大的蛋白质分子结合才会引起免疫应答。后来合成的人工半抗原的使用极大地扩展了免疫化学研究的可能性，全体人类都受益匪浅。

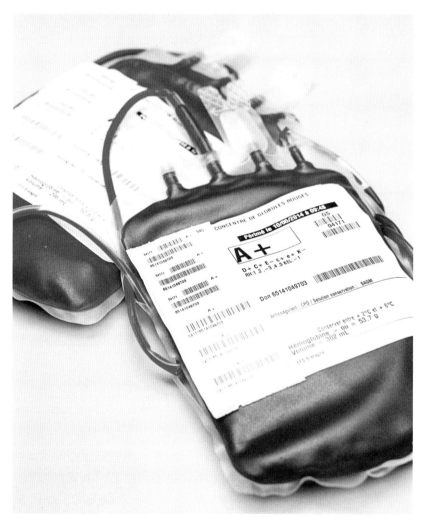

左图：用来输血的血袋上，所有重要的血型信息都已醒目标明。

123

普朗克和泡利

（1858—1947 年　1900—1958 年）

量子理论

几百年来我们一直在陈述和完善的经典物理学，已无法用来解释我们今天所看到的一切了。现代物理学的基础是两个新的理论：广义相对论和令人费解的量子理论。

1965 年的诺贝尔物理学奖得主理查德·费曼曾经表示："我可以有把握地说，没有人懂得量子力学。" 1922 年的诺贝尔物理学奖得主尼尔斯·玻尔甚至指出，量子力学中的基本粒子究竟存不存在其实并不重要。只要这些粒子能提供一种理解物质性质的新方法就够了，也就是说，夸克、光子什么的都只是一个比方而已。因此，量子理论不仅是个科学问题，也是个哲学问题。

量子理论简而言之就是关于非常小的东西的物理学，而广义相对论则适用于非常大的东西——宇宙中的物体。量子物理学自从在 20 世纪初创立以来经过了多次调整、扩展和打磨，已被用来解释越来越多的物理现象，包括它本身的神秘之处。科学史上多少金光闪闪的名字都为其发展做出了贡献，但其中有两个人特别突出，他们就是普朗克和泡利。

19 世纪的最后几年，德国物理学家马克斯·普朗克开始考虑一个最早由他的德国同胞古斯塔夫·基尔霍夫于 1859 年提出的问题：黑体（一个理想化的物理概念，能吸收所有频率的辐射）发出的电磁辐射的强度，为什么会随着黑体的温度及辐射出来的光的频率而变化？这个问题的另一个问法是，为什么烧热了的黑色煤块会发出红色的光？

普朗克是经典物理学的忠实信徒，他在 1900 年几乎违背意愿地得出这样一个结论——电磁能量只能以某个基本量的整数倍辐射出来，这就好像在楼梯上你不可能站在相邻台阶之间的某个地方一样。普朗克把这个最小的基本量叫作量子。楼梯越高，量子就越多，但台阶，也就是量子，是最基本的。因为理念上迈出的这么一大步，普朗克被尊奉为量子理论，也就是关于物理学意义上的最小质量、最小粒子以及最小尺度的理论的奠基人。

普朗克花了很多年想把量子理论和经典物理学结合起来，但两者并不相容。1905 年，爱因斯坦确认了光子就是光的基本粒子（量子），证实了普朗克的理论。1913 年，尼尔斯·玻尔指出，另一种基本粒子电子只能以量子跃迁而不是渐进的方式让能量变化。这就意味着电子是在几个围绕原子核的固定轨道上运行，并且会根据能级在不同轨道之间跃迁。

1925 年，奥地利物理学家沃尔夫冈·泡

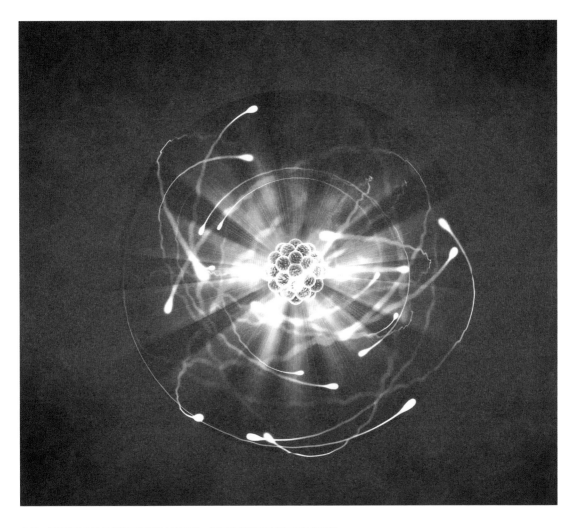

上图：量子理论有助于解释亚原子粒子的行为，以及这些粒子是如何相互作用的。

利发现，状态完全相同的费米子（一类粒子，原子中的电子就是其中一种）不可能在同一个空间共存，这是量子时代最重要的发现之一，即泡利不相容原理，其用量子力学解释了为什么我们周围的世界非常稳固，而某些元素的原子又为什么更有可能跟其他元素的原子结合形成化合物。这个原理能够解释固态物体的力、电、磁、光和化学等各方面的性质。

量子物理也可以解释白矮星、中子星和黑洞的形成。所以，量子物理并非只能用来研究小东西。

斯塔林和贝利斯

（1866—1927 年　1860—1924 年）

第一种激素——促胰液素

　　斯塔林和贝利斯不仅是老朋友，也是科研上的老搭档。1893 年，贝利斯娶了斯塔林的妹妹格特鲁德后，他俩的关系就更亲密无间了。当时他们已经在生理学研究中通力合作了 3 年，很快就会得到一个极为重要的发现。

　　生理学研究的是身体如何运转，医学则是研究身体不好好运转时该怎么修复的科学。欧内斯特·斯塔林本打算在英国伦敦当医生，但是在德国生理学家威廉·屈内的实验室度过了一个夏天之后，他改变了主意。屈内研究的是视觉、肌肉和神经的运作过程，后来也研究了消化系统。他发现了胰蛋白酶，"酶"这个词就是他创造的。斯塔林就是在那时决定要当生理学家的，之后便在伦敦的盖伊医院工作期间开始了自己的研究。

　　威廉·贝利斯也决定改学生理学，不过他转行的原因是在医学院的解剖学考试中没有及格。他在伦敦大学的一个学院任教。两人共同的兴趣让他俩开始接触，之后便开始合作，他们先是一起研究心脏中的电流，随后是血液循环系统中静脉和毛细血管中的

上图：斯塔林不仅研究过蠕动机制，发现了促胰液素，还创立了描述体液流动的斯塔林方程。

血压。

　　1897 年，他们把研究重点转向消化系统，其原因是斯塔林对屈内的工作有了极大的热情。斯塔林于 1899 年被任命为伦敦大学的教授后，他们的合作就更加方便了。也是在那一年，斯塔林证明食物会在肠道中触发神经反应，让肌肉运动起来移动食物穿过肠道，这个过程叫作蠕动。

　　接下来，他们把注意力转向胰腺的分泌物，食物离开胃部进入肠道时，就会带有这种分泌物。俄国生理学家伊万·巴甫洛夫（就是因"巴甫洛夫的狗"而闻名的那位）认为，这些分泌物就像蠕动一样，是因为神经系统感觉到食物而触发的。斯塔林和贝利斯用一个实验驳倒了巴甫洛夫的理论：就算他们把动物肠道中的神经切断以后，食物从胃部进入肠道都还是会触发同样的胰腺分泌物。

如果这个过程不是由感官引发的，那就一定是个化学过程。他俩在 1902 年发现，如果有食物存在，肠壁就会向血液中分泌什么东西，向胰腺发出信号。他们给这种来自肠道的化学信使起了个名字，叫作促胰液素。

这也是人类首次发现这样的信使。1905 年，斯塔林给这类信使也起了个名字，叫作激素。而最早提出可能有这种信使存在的，是另一位德国生理学家阿诺尔德·贝特霍尔德。他观察了阉割对公鸡的影响，结果表明是有一种化学物质在起作用，这种物质后来经确认是睾丸雄激素。现在我们知道，激素是身体里的重要产物，由身体某个部位分泌出来，经血液循环到达身体其他部位去加以调节。我们对激素了解得越多，就越能更好地治疗内分泌失调或失效等问题。

后来贝利斯还研究过第一次世界大战中伤兵休克的问题，斯塔林则在英国建立教学医院时发挥了重要作用，并在大战期间确保了食物配给是按照个人的营养需求而设计的。

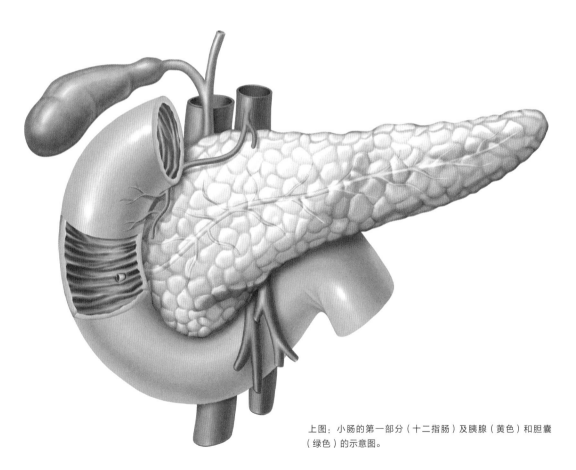

上图：小肠的第一部分（十二指肠）及胰腺（黄色）和胆囊（绿色）的示意图。

爱因斯坦

（1879—1955 年）

狭义相对论与广义相对论

爱因斯坦质能方程 $E=mc^2$ 看似简单，却定义了宇宙中任何地方质量和能量之间的恒定关系。1905 年，他把这个方程作为狭义相对论的一部分发表出来，从那时起，科学的几乎所有领域都受到了这个见解的影响。

阿尔伯特·爱因斯坦是在努力解决牛顿运动定律和麦克斯韦的电磁场理论之间的冲突时得出相对论的。这个理论试图把以极高速度（接近光速）运动的物体囊括进来，因为牛顿运动定律并不适用于这种情形。爱因斯坦的理论则指出，以这样的速度运动，距离会缩短，时间会变慢，时间和空间都因为运动物体的质量而被扭曲了。

相对论的科学概念遵循这样一种原则：对任何容许的环境，即惯性参考系，物理学定律都应当以同样的方式起作用。可以设想这样一个例子：假设你站在一辆高速行驶的车里，两只手里都握着相同质量的东西，其中一只手伸到了车窗外面。现在把两个物体都丢掉，你会看到在车里掉落的物体砸到脚边，而车窗外掉落的物体会落在路面上落后好几米的位置，从手到落地点的轨迹是一条斜线。车厢内的手、物体和落地点就处于同一个惯性参考系中。

伽利略有个著名的思想实验，说的是一艘船上的情形，最早提出了类似的想法。从那以后，人们一直在努力寻找能把两个物体

的情况都涵盖进去的物理学定律。天文学领域的一大难题就是以太的概念（以太是过时的概念，是当年的一种认知），这是太空中一种理论上的介质，据说光波就是通过这种介质传播的，使光从宇宙中的光源处抵达地球。

麦克斯韦相信以太是存在的，但到了 19 世纪晚期，科学家开始怀疑，这样一种数量不限但又看不见摸不着，也不跟其他任何物质相互作用的物质，是否真的存在。到 1887 年时，所有寻找以太踪迹的实验都失败了。1902 年，荷兰物理学家亨德里克·洛伦兹证明，麦克斯韦方程组不必假设有以太的存在就能适用于任何情形，只需要对时间和距离的测量进行一些相对简单的数学变换就行了。洛伦兹的工作让他获得了 1902 年的诺贝尔物理学奖，也为爱因斯坦最终提出狭义相对论与广义相对论铺平了道路。

爱因斯坦于 1905 年提出的狭义相对论把普遍规则应用于位于同一惯性参考系中的所有物体，1915 年提出的广义相对论则对所有可能存在的参考系都适用。爱因斯坦的理由是，所有事件只要发生了，就都是发生在特

定地点、特定时刻。他引入了时空的概念，这样参考系就可以用四个维度来定义：三个空间维度，一个时间维度。

广义相对论认为，空间中有质量的物体会扭曲时间和空间，会使我们对一切事物的感知都产生影响，包括引力和光。这也是一个全新的研究领域的发端，即宇宙学，这门学科不仅涉及宇宙的本质，也关心宇宙的起源，以及在时间推移中宇宙经历的变化。

上图：爱因斯坦将自己的聪明才智归因于不失童心的幽默感。
下图：引力如何扭曲靠近行星的电磁波的三维可视化示意图。

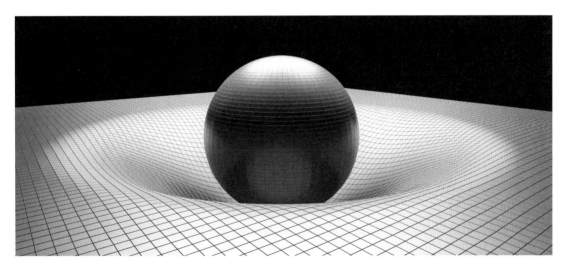

129

卢瑟福

（1871—1937 年）

原子核

卢瑟福是科学史上真正的巨人。他被誉为"核物理学之父"，他的这个研究领域推动了 20 世纪早期的科学研究，也直接带来了量子理论的建立。

欧内斯特·卢瑟福这个人天生热情开朗，跟他合作的人都会受到他的鼓舞。他有用正确方式处理问题的直觉，也非常愿意用实验来验证答案，这些性格让他在很多科学领域都颇有建树。他对科学的贡献既深且广，因此会被拿来跟牛顿和法拉第相提并论。

1908 年，卢瑟福因为早年对放射性的研究而荣获诺贝尔化学奖。在用钍做实验时，他发现了放射性半衰期的概念，也就是放射性元素有一半发生衰变时所需要的时间。在同一项研究中，他还命名了三种不同的辐射——α 射线、β 射线和 γ 射线。

获诺奖后他继续研究这些发现，想了解这些射线都有什么性质和影响。他的观察结果让他得出了自己最著名的理论：卢瑟福原子模型。在用 α 射线轰击金箔时，他发现有

上图：英国人卢瑟福影响并激励了整整一代核物理学家。

些 α 粒子会偏转，另一些则会直接穿过金箔。他得出结论：金原子里有一个非常小且质量相对较大的原子核，偏转就是由这个原子核造成的，环绕原子核的是质量较小的电子，可以让 α 粒子穿过，原子核和电子就一起组成了原子。

道尔顿认为原子是最小的粒子，无法再分，但卢瑟福的结论颠覆了这个看法。如果原子由原子核和电子等亚原子粒子组成，那么至少从理论上讲，原子肯定是可以再分的。卢瑟福更进一步，提出还存在质子，它跟现在我们知道的中子合称核子，一起组成了原子核，是更小的粒子。（还有更小的尺度存在，这个尺度上一个质子由 3 个夸克组成。）

卢瑟福经常被誉为历史上最伟大的科学家，因为他彻底改变了我们对宇宙基本构成

单位的认识。他的思想直接带来了原子能的发展，也让元素是怎么形成的得到了解释。后世纷纷以各种方式向他致敬，有一种元素以他的名字来命名，就是钅卢（Rf），是一种通过实验室合成才能获得的元素。

不仅卢瑟福获得了诺贝尔奖，好几位跟他一起工作过的人也都得过诺贝尔奖，比如曾经在19世纪90年代教过他的约瑟夫·汤姆逊（1906年物理学奖）、弗雷德里克·索迪（1921年化学奖）、詹姆斯·查德威克（1935年物理学奖）、爱德华·阿普尔顿（1947年物理学奖）、帕特里克·布莱克特（1948年物理学奖），以及约翰·科克罗夫特和欧内斯特·沃尔顿（两人共同获得1951年的物理学奖）等。卢瑟福不仅自身成就卓著，也在身后留下了光辉灿烂的尾迹。

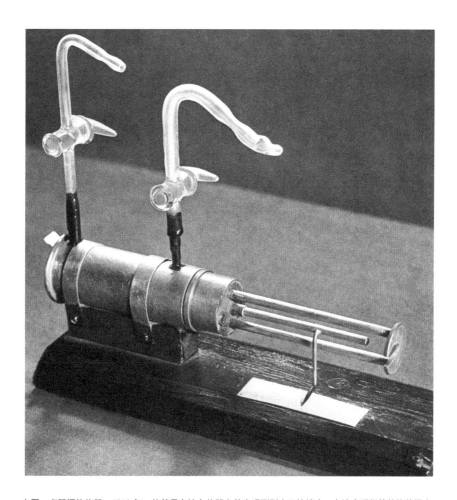

上图：卢瑟福的仪器。1919年，他就是在这台仪器上首次观测到人工核嬗变。在这个看似简单的装置中，氮原子跟封闭的水平管内的放射源放射出来的 α 粒子碰撞后，变成了氧原子，在水平管一端的矩形窗口中检测到了氮原子转变为氧原子时发射出来的质子。

海克·卡末林-昂内斯

(1853—1926 年)

超导现象

电阻是电路材料或部件中对电流的阻力，通常一般金属导体的电阻率会随着温度降低而逐渐下降。荷兰物理学家昂内斯发现，有些材料的表现十分奇特。

1879 年，海克·卡末林-昂内斯在格罗宁根大学获得了博士学位，而就在一年后，另一位荷兰物理学家约翰内斯·范德瓦耳斯（1837—1923 年）发表了关于气体性质的重要方程。范德瓦耳斯的方程适用于真实气体，他在研究中也考虑到了不同气体的分子、形状和各自表现都有所不同的事实。在此之前，科学研究一直以所谓理想气体为模型，也就是把分子都看成简单的点，随机运动，没有相互作用。

卡末林-昂内斯对此很感兴趣，于是开始研究不同气体在极端条件下的性质，特别是温度极低和处于液态的时候。在他被任命为莱顿大学实验物理学教授后，他专门为此建立了一个低温实验室，该实验室后来成为同类研究的世界中心，至今仍然存在，而且用他的名字命了名。

卡末林-昂内斯不断改进技术，近 30 年后的 1908 年，终于成为第一个成功把氦液化的人。氦的沸点是-269℃（4.2K），他成功把液化后的氦的温度降到了-271.3℃（1.9K），这是当时地球上能达到的最低温度。但是他没能让氦变成固体，这个壮举在他去世 5 个月后，才终于由他的学生、继任低温实验室主任的威廉·亨德里克·科索姆（1876—1956 年）实现。

卡末林-昂内斯用水银继续做研究，水银的熔点是-39℃（234.2K），更容易凝固。1911 年，他把一根固态的水银丝浸泡在-269℃的液氦中并让电流通过，得到的发现堪称石破天惊。水银丝的电阻并没有随着温度降低而逐渐下降，而是突然之间降到了零。

卡末林-昂内斯用锡和铅等其他金属重复了这个实验，也都看到了同样的现象。他很清楚，这个最让人意想不到的结果，对固体的电导率理论来说意义极为重大。没有电阻的材料不会对电流产生任何阻碍作用，由这种材料做成的回路，一旦接通电流后，后续不需要电源就可以让电流永远维持下去。卡末林-昂内斯把这种材料叫作超导体。

1913 年，他获得了诺贝尔物理学奖，这是超导领域的科学家迄今获得的 5 个诺贝尔奖中的第一个。后来人们发现了更多温度不需要这么低的超导体，包括 2020 年发现的能够在室温下实现超导的材料。超导体的潜在应用仍然在探索中，这些材料可以做成十分强大的电磁体，也在磁共振成像（MRI）、粒子加速器和磁力计中得到了应用，发电机、变压器和电动机中这类材料也能发挥很大作用。

超导现象有一个显著的特点，即超导体内部会完全排斥磁场，叫作迈斯纳效应。当内部磁场排空后，外部磁场会增加，这对磁悬浮列车和其他磁悬浮技术的应用来说都有重要意义。卡末林–昂内斯发现超导现象的一个多世纪以后，超导终于登上了舞台，开始大显身手。

上图：量子磁悬浮及悬浮效应演示。溅起的液氮令陶瓷超导体冷却，飘浮在磁铁下方的空气中。

魏格纳

（1880—1930 年）

大陆漂移说

在帝国主义时代，所有的陆地都曾被绘制成地图，并被大面积殖民化。地理学家和另外一些人也开始注意到，大西洋东西海岸的轮廓彼此非常吻合，就像拼图一样。这仅仅是巧合吗？

德国气象学家阿尔弗雷德·魏格纳既不是第一个思考这个问题的人，也不是最早提出各个大陆以前全都连成一片的人。19 世纪末盛行的观点是，现在的大陆之间的陆地只是沉了下去，被海洋淹没了。

地质学上地壳均衡的概念出现于 19 世纪 80 年代，认为地壳漂浮在地幔的熔岩上，而地球上较高的地方，其高度取决于所在之处地壳受到的浮力和厚度。陆地可能会突然沉下去的想法跟地壳均衡说无法相容，因为此说法意味着地壳受到的浮力和自身重力之间达到了平衡。

魏格纳想找到别的解释。如果地壳漂浮在什么东西上面，那为什么原来一整块的陆地没有破碎成浮冰那样，碎片也没有四处漂走呢？魏格纳开始相信漂移说，并研究了大西洋两岸相对应的地方，寻找两岸曾经连在一起的证据。

上图：1912 年至 1913 年，极地研究员魏格纳在约翰·科赫探索格陵兰岛的大本营里。

他发现，有很多相似的地质地层序列出现在大西洋两岸。他也注意到在好几个现在的大陆上都发现了密切相关的化石种类，表明这些物种是在各个大陆仍然连在一起时进化出来的。例如有一种很原始的蕨类植物，属于舌羊齿类植物，其化石就在南美洲、非洲和印度这几块陆地的南部地区，以及澳大利亚和南极洲都有分布。

魏格纳也猜想过大陆漂移的原因，但没有得出结论。他认为可能是因为地球自转轴变了，还想到了地壳在洋中脊的位置被撕裂，岩浆从下面喷涌而出，地壳也就从这里往外扩张了。

1912 年，他首次展示了他的大陆漂移说，此后一生都致力于通过出版物和演讲来宣传这个理论。他是气象学家，不是地质学家，他必须说服科学界让他们相信，但他们对他的见解

上图：侏罗纪早期的西半球。图中新生的北美大陆刚刚离开北非，南美大陆和非洲其他地方仍然连在一起，成为冈瓦纳古陆。西边是遍布全球的泛大洋，里面有一道道狭长的陆地，对应着后来跟北美洲西部拼合起来的兰格利亚地体。

十分怀疑，认为他不是内行。1930 年他去世时，没有几个科学家关心他提出的理论。

到了 20 世纪 50 年代，新出现的古地磁研究可以展现出远古时代岩石上磁极的变化。科学家证明，印度就像魏格纳推断的那样，曾经位于南半球。20 世纪 60 年代地质学家发现，就像魏格纳曾指出的那样，海底正在扩张。20 世纪 70 年代全球定位系统（GPS）发明后，我们终于能看到并测量一下大陆漂移的速度了。如今，魏格纳被誉为对我们这颗星球的本质特征带来革命性认识的先驱，他也是板块构造学的奠基人。

亨利·莫斯利

（1887—1915 年）

原子序数

非化学专业的科学家也都知道元素周期表，它就是由小方块组成的一张不对称的图表，所有元素的符号都能在上面找到。他们可能也听说过原子序数，就是跟元素的排列顺序相对应的数。但是，为什么这些元素要按照这个顺序而不是字母顺序排列起来呢？

科学家喜欢创建列表，俄国化学家门捷列夫就以元素周期表的形式给所有元素编制了一个列表，最初排列的依据是每种元素的原子量，也就是将给定样品的原子质量与同样数量的碳原子样品的质量相比较得出的数。他发现，化学性质相似的元素往往会在列表中排在一起，这个巧合还挺有意思的。

卢瑟福在研究原子性质时注意到了另一个巧合：元素（他的例子是金）原子核的电荷数与该元素在元素周期表中的位置大致对应。荷兰律师、物理学爱好者安东尼斯·范登·布鲁克则指出，这可能不是巧合，而真的是一种对应关系。然而，他没有能力去就这个想法探寻一番。

亨利·莫斯利决心检验一下这个理论。他是物理学家，毕业后的第一份工作是在英国曼彻斯特大学做物理实验的演示，卢瑟福是他的领导。卢瑟福给他提供了曼彻斯特大学的奖学金，但莫斯利更愿意回到牛津大学继续深造。回牛津后，他用多种元素做了很多创新实验，观测这些元素的 X 射线光谱，结果发现 X 射线的波长与标靶元素的原子量之间存在直接的数学关系。

尽管门捷列夫是根据原子量和化学性质给元素周期表排定座次的，但莫斯利证明，这些性质是由原子核决定的——说得更准确些就是，是由元素原子核里的质子数决定的，质子数又跟该元素在门捷列夫元素周期表中的位置顺序数几乎是一样的。

莫斯利的结论可不只是让人大感兴趣地确认了之前的两种元素排序方法，而是也确认了元素周期表中的空位，也就是说还有一些元素有待发现。莫斯利得出这个结论后的半个世纪，所有这些元素都被发现了，有些是在自然界中的，有些是通过实验室合成的。而在莫斯利之前，甚至都没有人想过会有这些元素存在。

莫斯利完成这些实验是在 1913 年。1914 年 7 月第一次世界大战爆发后，他辞去工作，加入了英国皇家工兵部队。次年他被派往土耳其加里波利，英国和奥斯曼帝国在那里展开了一场旷日持久、死伤枕藉的战役，莫斯利也在那里不幸被敌人枪杀。有人说，他如果没战死，肯定会获得 1916 年的诺贝尔物理学奖。

上图：第一次世界大战中，担任电话通信技术员的莫斯利被土耳其狙击手射杀。阿西莫夫后来说："他的死很可能是这场战争带给人类的代价最高的死亡。"

左图：旅行者1号等太空探测器要依靠原子能电池提供能量。莫斯利制造了世界上第一块原子能电池 β 电池，他称之为镭电池。

尼尔斯 · 玻尔

（1885—1962 年）

原子模型

卢瑟福的原子模型于 1911 年发布后，激起了原子物理学界的热情。更多科学家从自己的研究角度对这个模型详加审视，结果表明这个模型虽然正确，但并不完整。其中的一位，丹麦科学家玻尔，则看到了这个模型对量子理论有何作用。

普朗克最早提出量子理论（在一个作用过程中要让这个过程得以发生所需要的最小作用量）是在 1900 年。普朗克把这个想法主要应用到了电磁辐射领域，尼尔斯 · 玻尔于 1911 年夏天就是在这个领域拿到了自己的博士学位。玻尔研究的是金属元素的电子和磁性，他的结论是，后者不能只用前者来解释。

同年 9 月，玻尔前往英国，拜会英国各所大学的杰出人才。卢瑟福对他印象非常好，甚至邀请他到曼彻斯特大学与自己一起工作，做一年博士后的研究。玻尔把卢瑟福和普朗克的想法结合起来，提出了一个原子模型，其中电子不仅像卢瑟福说的那样会环绕原子核运动，而且是在不同距离的轨道上，就像行星绕着太阳转一样，此外还能通过释放一部分能量从

上图：玻尔与爱因斯坦，摄于 20 世纪 20 年代。玻尔和海森伯对量子理论的看法跟爱因斯坦相冲突，他们也经常跟爱因斯坦就这个问题展开激辩。

外层轨道跃迁到内层轨道。

卢瑟福是最早对玻尔模型赞赏有加的人。这个模型也受到了年轻一代核物理学家的热烈欢迎，如爱因斯坦、马克斯 · 玻恩和恩利克 · 费米等。这个模型能解释包括卢瑟福模型在内都无法解释的很多作用过程和性质，也赢得了很多赞赏。不仅如此，这个模型还能用来预测尚未进行的实验的结果。此后 12 年，玻尔模型一直都是量子理论的基石，直到量子力学发展起来。1922 年，玻尔获得了诺贝尔物理学奖。

原子模型在 20 世纪的演变是科学家前赴后继和通力合作的结果。汤姆孙的模型被他的学生卢瑟福的模型所取代，而卢瑟福的模型又在他的研究助理玻尔那里得到了完善。玻尔模型也有过好几次的改进，先是德国的

量子物理学家阿诺德·索末菲，继而是由埃尔温·薛定谔和维尔纳·海森伯组成的奥匈–德国团队，他们都曾在哥本哈根大学玻尔手底下工作过。

第一次世界大战期间，玻尔在丹麦哥本哈根大学任教。战争结束后，他筹集资金在那里建了一个理论物理研究所。该研究所于1921年建成，今天仍在运营，现在已经更名为尼尔斯·玻尔研究所，也成了一个思想交流的论坛。第二次世界大战期间，玻尔逃往英国，并代表英国参与了美国的曼哈顿计划的一项任务。二战结束后，他参与创建了欧洲核子研究组织，并致力于欧洲的核物理研究。苏联科学家于1976年首次人工合成的高放射性元素铍（Bh），就是以他的名字来命名的。

上图：尼尔斯·玻尔研究所的回旋加速器控制室。

埃德温·哈勃

（1889—1953 年）

河外星系

曾几何时，人们以为我们这个银河系就是整个宇宙。哈勃发现，在黑暗的太空中，银河系远远不是独一份儿，而只是数十亿个星系中的一个。这些星系彼此相隔亿万光年，而且还在不断移动，正离得越来越远。

像所有伟大的科学家一样，埃德温·哈勃的天才之处也在于他能够看到别人的发现有什么意义，并能为未来的科学家提供一个新的平台，让他们能够得出更进一步的发现。对哈勃影响最大的可能是他的祖父，他是一个很有热情的天文学爱好者，在小哈勃 8 岁生日的前夜允许他用自己的望远镜观星。小哈勃对自己的亲眼所见极为兴奋，恳求祖父允许他看个通宵，即便要因此放弃第二天的生日会。

哈勃对自己的人生方向从来没有任何疑问，尽管也有一段时间他学习了法律和语言学，这些学习经历倒是让他的职业道路走得更加稳健。1917 年，一篇题为《暗淡星云的摄影研究》的论文让他拿到了博士学位，也为他为天文学做出更大的贡献打下了基础。两年后他加入了威尔逊山天文台，此后便一直在这里工作。

威尔逊山有北美最干净的空气，也是巨型的 100 英寸[1]胡克望远镜的所在地，一直到 1949 年，这台望远镜都是世界上最大的。在这里，哈勃继续研究星云。当时人们认为，星云只不过是银河系里的尘埃和气体形成的云团。他当时开始特别关注一种特定的造父变星，这在很多星云中都有。

从地球上观测，造父变星似乎有脉动，亮度和直径都在变化，美国天文学家亨丽埃塔·莱维特也发现了造父变星的亮度和脉动频率之间的关系。这个关系可以用来计算恒星跟地球之间的距离，最远可以达到 2000 万光年。以前天文学家都是用三角视差法测量和计算距离的，最远只能达到 1000 光年，而单单是银河系的直径就有 10 万光年。因此对天文学家来说，这个技术是很大的进步。

哈勃重点关注的是仙女大星云，他用莱维特发现的关系算出，这个星云距离地球约 90 万光年，因此肯定不属于银河系。如果仔细观察的话，会发现这个天体其实也不是星云，而是另一个星系。（经过改进和进一步观察之后，现在我们知道这个星系实际上距离

地球要更远，是 254 万光年。）后来的更多数据表明，太空中很多以前被认为是星云的天体实际上都是完整的星系，它们相互之间隔了数百万甚至上千万光年之遥，宇宙也突然之间大了许多，这是以前任何人都想象不到的。

哈勃的成就还奠定了另一项科学研究的基础，这就是另一个美国人维斯托·斯莱弗对天体可见光谱红移的研究。斯莱弗认为，红移是一种多普勒效应。就像警车在驶离我们时警笛声的频率会下降一样，红移（天体光线的频率变化）也表明恒星或星系在离我们越来越远。哈勃发现，

所有星系都在远离我们。尽管他不愿意在没有更多证据的情况下支持宇宙正在膨胀的说法，但现在我们认为，他的观测结果正是宇宙正在膨胀的证据。

上图：仙女星系，也就是 M31，以前被认为是仙女大星云，是离银河系最近的重要星系之一。
左图：20 世纪 60 年代威尔逊山天文台上 100 英寸胡克望远镜的照片。

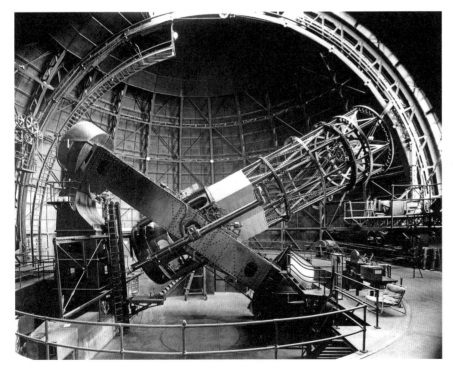

塞西莉亚·佩恩

（1900—1979 年）

太阳的组成

　　佩恩出生于英国的白金汉郡。她的父亲和姑姑都是音乐家，英国作曲家古斯塔夫·霍尔斯特（他完成了管弦乐组曲《行星》）是佩恩在圣保罗女子学校的老师，认为她也有音乐天赋。

　　塞西莉亚·佩恩很早就表现出很强的数学能力，她也下定了决心要走科学道路。在她的坚决要求下，她在数学和德语（当时科学界的通用语言）两方面都受到了良好的教育，还赢得了剑桥大学女校纽纳姆学院的奖学金，去那里学习物理和化学。那可是一个女生不允许获得学位，甚至也不能从图书馆借书的年代。

　　佩恩去听了一场介绍在日食期间拍摄恒星的讲座后，她的生活也因此改变了。主讲人是亚瑟·爱丁顿，他很早就在支持并阐释爱因斯坦的广义相对论，他 1919 年漂洋过海去拍摄回来的日食照片，是广义相对论最早的证明。

　　在认识到天文学研究有多么浩瀚、复杂、纯粹和美到极致之后，佩恩对科学的整个观感也焕然一新。她深知自己在英国的选择有限，于是争取到了美国哈佛大学天文台新设立的女性奖学金，在她前面只有一个人得到过此项奖学金。1923 年，她搬到了美国的马萨诸塞州，之后再也没有离开。

　　她是个聪明绝顶的学生，后来成为拉德克利夫学院第一位获得天文学博士学位的女性。当时的哈佛大学仅限男生就读，而拉德克利夫学院就相当于哈佛的女校。在研究恒星中存在的元素的光谱时她发现：跟地球不一样，恒星主要是由氦和氢组成。在博士论文中，她宣称氢肯定是宇宙中也是我们的恒星太阳中最常见的元素，比金属元素的丰度高上百万倍。

　　当时普遍认为，无论是恒星还是行星，天体的元素组成都大致相同。佩恩的结论跟这个看法大相径庭，然而审读佩恩博士论文的老派天文学家亨利·诺里斯·拉塞尔秉持的仍是老派看法。他劝佩恩不要得出这么明确、这么有挑战性的结论，对她说这个结论"显然不可能"。佩恩得出的结论其实是对的，但在

上图：20 世纪 20 年代的哈佛天文台。

拉塞尔的坚持下，她只好补充："这些元素的丰度过高……几乎可以肯定是不对的。"

然而，俄裔美国天文学家奥托·斯特鲁维却盛赞她的作品为"天文学领域最杰出的博士论文"。值得称道的是，拉塞尔在1929年通过不同方法得出了跟佩恩一样的结论后也承认了她的成就。

如果不是在那个年代，佩恩很可能会因为自己的观察结果荣获诺贝尔奖。她和丈夫谢尔盖·加波什金一起研究了数千颗恒星，这成为此后所有恒星研究的基础。然而偏偏是那个年代，她一开始也只能被分配到哈佛大学一些无关紧要的研究项目中。但一段时间之后，她成了哈佛大学文理学院的第一位女教授。塞西莉亚·佩恩不仅彻底改变了她投入毕生心血所在的学科，她的经历对致力于任何学科研究的女性来说也是十分鼓舞人心的。

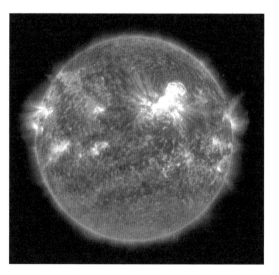

上图：塞西莉亚·佩恩的整个学术生涯都是在哈佛大学度过的。然而，她尽管在1925年就拿到了拉德克利夫学院的第一个天文学博士学位，但还是要等到1956年才得到了一个教授职位。
左图：美国国家航空航天局拍摄的太阳耀斑照片。

薛定谔

（1887—1961 年）

薛定谔方程

光究竟是粒子还是波？在阐释光如何传播时，经典物理学和量子物理学早期曾有过冲突，而在量子力学的两大支柱——波粒二象性和概率波被发现后，这个冲突也迎刃而解。

量子理论的基础——基本粒子，理应是单独发生相互作用的。光子是光的基本粒子，但从 19 世纪中叶起我们就知道，光、热等各种能量的形式都是电磁辐射，而电磁辐射会表现出波的性质。

假设有一束光线以一定角度照射在一块玻璃上，结果（比如说）70%的光穿了过去，30% 的光反射了回来。如果光是波，那么反射回来的就只是小一些的另一个波。但如果光是粒子（光子），那么每个光子单独来看都必定有 30% 的可能性无法穿过这块玻璃。也就是说对整个这束光来说可能出现的结果有很多种，包括没有任何光子被反射以及所有光子都被反射了这两种极端的情况，只不过这种概率都非常低。因此量子理论等于是在说，没有什么是确定的，一切只是概率问题。这个理论完全颠覆

上图：薛定谔，摄于 1933 年。

了经典物理学所理解的宇宙结构。

法国物理学家路易·德布罗意于 1924 年证明，所有粒子都有波长，也就是说一切事物都有波长，这种情形叫作波粒二象性。普朗克证明了光波可以表现得像粒子一样，德布罗意则证明了粒子可以表现得像波一样。这种有点像波的表现又是怎么来的？

埃尔温·薛定谔是一名奥地利物理学家，德布罗意的发现给了他灵感。想象力的飞跃在科学上往往是新发现的前奏，这一次也不例外。薛定谔提出了一种设想中的非实体的波，能以某种方式让粒子具备类似于波的行为，他称之为概率波。此外，他还推导出了一个方程并于 1926 年发表，这个方程可以预测这种波的运动，

因此也能预估受其引导的粒子会怎么表现。

薛定谔方程是透过量子理论的棱镜来描述现实世界的新方法，也是一种完整的方法。马克斯·玻恩证明，薛定谔方程可以用来计算某个粒子于特定时间出现在特定位置的概率，如今这个方程已经成为量子力学的核心。物理学家已经证明，这个方程适用于所有基本粒子，因此也适用于粒子构成的所有事物（也就是宇宙间的一切事物），所以无论是对原子还是星系，这个方程都管用。

科学圈子以外的人知道薛定谔是因为"薛定谔的猫"。这是个思想实验，旨在展示所谓哥本哈根诠释的荒谬之处。哥本哈根诠释是理解量子物理的方式之一，融合了经典物理学中关于波的叠加原理，其认为不同的波可以组合起来，应用到量子物理学中就是量子态叠加效应。在一个封闭系统中有一个铁盒子，其中有一只猫，死了还是活着的概率相等，哥本哈根诠释认为这两种状态都存在，猫处于叠加态，直到打开盒子的时候其中一个量子态坍缩。而在打开盒子之前，按照哥本哈根诠释，猫都既是活的也是死的。

薛定谔觉得这个想法很荒谬。但无论是对量子力学还是薛定谔的思想实验，都还有很多其他的诠释方式。这只可怜的猫不仅是对量子力学诠释的考验，对比较哲学来说，也值得好好思考一番。

下图："薛定谔的猫"既是活的也是死的。这位物理学家用这个令人难忘的例子，证明了哥本哈根诠释的不合情理。

海森伯

(1901—1976 年)

不确定性原理

不确定性原理（可别和概率波搞混了）进一步证明，在量子理论看来，永远不可能有什么东西是完全可知的。发现不确定性原理的海森伯，对这个原理可是十分确定的。

物理学研究中有一个众所周知的问题就是观察者效应，当实验操作会影响到实验结果时，这个效应就会出现。经常说到的一个例子是检查轮胎气压：把压力表装上去和取下来时总是会放出一点儿气，测到的结果也就改变了。

这个效应里的观察者一般都假定是人，但并非总是如此。例如，用来监测室内温度的仪器本身就有可能会产生热量，从而影响自身的读数。一般来讲，只要稍微改动一下实验条件就能减弱甚至完全消除观察者效应，对上面的例子来说就是把仪器发热的部分屏蔽掉。然而维尔纳·海森伯的不确定性原理指出，究其本质，量子宇宙永远不可能精确观测。

海森伯在量子理论发展方面所做的早期工作，即 1925 年的一篇题为《运动与机械关系的量子理论重新诠释》的论文中对量子力学的最早描述，为他赢得了 1932 年的诺贝尔物理学奖。在思考量子力学究竟能不能观测时，他想到了无法克服的观察者效应。

我们不可能用普通的光学显微镜看到电子，因为电子的波长比可见光的波长要短。

为了消除这种观察者效应，海森伯设想了一台用波长比电子的波长还短的 γ 射线来观测的显微镜，这样就能"看到"电子了。但在这个亚原子尺度上，γ 射线遇到电子时会改变其动量和方向，观测到的电子行为也就改变了。海森伯同时也认识到，实际上光子对电子也会产生同样的效应，就算我们观察不到。

根据这些思想实验，海森伯推断，有些成对变量中的两个元素不可能同时确定下来。比如说，如果给定粒子的能量已知，那么就不可能得知其稳定性。如果该粒子的位置确定，那么其速度和方向就不可能确定。而且在量子系统中，这种观察者效应无法减弱。一个变量的值越是确定，另一个变量的值就越不确定。海森伯还想出一个由普朗克常数定义的方程来表示两个变量之间的关系。

不确定性原理意味着量子态的粒子永远不可能被完整描述，只能以量子态存在。经典物理学的全部意义就在于发现自然宇宙的确定性，而海森伯用这个原理，敲响了经典物理学的丧钟。如今已经很清楚了，物理学只能计算出概率，就算是这样也最多只能达到不确定性原理所规定的不可逾越的极限。

上图：1932 年的诺贝尔物理学奖得主海森伯，在第二次世界大战中受命负责为德国制造核武器。然而，由于希特勒大举迫害犹太科学家并让学术机构政治化，很多顶尖的物理学家当时都已经离开了这个国家。

乔治·勒梅特

（1894—1966 年）

大爆炸宇宙论

第一次世界大战中恐怖的堑壕战时有间歇，当时 18 岁的士兵勒梅特也因此得以时常能两耳不闻战事，一心只读物理书。正是这副头脑，在当时战争中的爆炸已经过去了数年后，又提出了所有爆炸中最声势浩大的一个——大爆炸宇宙论。

是什么造就了宇宙？在 20 世纪以前，这个问题只有宗教才敢回答。神创论者相信，是神创造了一切。然而机缘巧合，正是一位天主教神父最早提出，宇宙始于一个点爆炸开来，而这次爆炸的残骸，也就是我们这个宇宙，仍然在从那个点向外飞速扩散。

乔治·勒梅特一开始在耶稣会的学校就读，后来又作为罗马天主教教徒受过教会的训练，而他的宗教信仰和物理学研究始终井水不犯河水，他在两个领域都钻研得很深。1923 年，他在自己的祖国比利时被任命为神父，并被英国剑桥大学聘用，担任该校的天文学研究助理，他后来又在美国的哈佛大学和麻省理工学院继续从事天文学研究。

勒梅特并不是最早想到宇宙在膨胀的人。为了回应爱因斯坦的广义相对论，后来曾与爱因斯坦合著论文的荷兰天文学家威廉·德西特提出了一个叫作"德西特宇宙"的简化模型。俄国物理学家亚历山大·弗里德曼研究了爱因斯坦场方程后，得出了一个方程来支持这两种宇宙膨胀的模型，即宇宙起源于"大爆炸"和稳恒态宇宙论，在后面的这个理论中，提到了宇宙膨胀得有多快，其新物质产生的速度就有多快。

弗里德曼的结论在当时没有引起多少重视，因为那时候俄国与西方的交流不多。勒梅特也是一开始几乎没有人注意到他。1927 年，他在比利时的鲁汶大学当上了天体物理学的教授，同年还发表了一篇法语论文，提到了"将银河外星云的径向速度考虑在内，均质宇宙的质量不变、半径不断增加"的观点。这篇文章发表在《布鲁塞尔科学学会年鉴》上，这是当时一份发行量很小的科学期刊。

这篇论文是勒梅特对大爆炸宇宙论的最早阐述，也是很多科学家觉得难以接受的科学理论。爱因斯坦相信稳恒态宇宙论，他告诉勒梅特："你的数学计算是对的，但你的物理太糟糕了。"英国天文学家弗雷德·霍伊尔也是稳恒态宇宙论的支持者，他想出了"大爆炸"这个词，用来嘲讽勒梅特的想法。

然而教会很欣赏勒梅特的想法，因为这个理论仿佛在说《圣经》里的创世事件，也有一些科学家怀疑，一个神父提出这样的想法，说不定纯粹是出于宗教原因。勒梅特确实认为，是上帝创造了让大爆炸发生的地方。他觉得这个地方是单独的一个巨大的原子，直径是地日距离的两倍，他称之为"原始原子"。现代的科学家则认为发生大爆炸的地方是个奇点，一个没有质量但有巨大能量的点。后来科学家发现的宇宙微波背景辐射支持了勒梅特的大爆炸宇宙论，勒梅特活到了看见自己的理论被证实的时候，霍伊尔的稳恒态宇宙论终究败下阵来。

勒梅特的论文最终被他以前在英国求学时的老师亚瑟·爱丁顿翻译成英文并广为传播，大爆炸宇宙论这才被科学界和公众广泛接受。1954 年，勒梅特因为描述宇宙膨胀获得诺贝尔奖提名，1956 年又因为设想了"原始原子"再次获得提名。至于说是谁造就了大爆炸，或者说奇点，就又是另一个问题了。

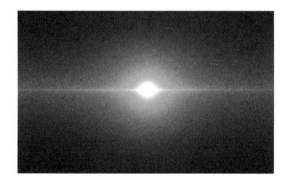

左图：计算机模拟呈现的大爆炸情景。"大爆炸"一词原本是用来嘲笑勒梅特的理论的，但事实证明，他是对的。
下图：为了纪念这位伟大的比利时科学家，欧洲航天局用他的名字命名了一艘自动转移飞行器（ATV）。这艘飞船于 2014 年被用来向国际空间站运送了 6.6 吨的货物，照片中是飞船即将对接国际空间站的情形。

亚历山大·弗莱明

（1881—1955 年）

青霉素

青霉素改变了医疗方式，拯救了数百万人的生命。因此，要是知道亚历山大·弗莱明刚刚发现青霉素时并没有人对之感兴趣，而他也并不是最早想到这种东西若用于医疗会潜力惊人的人，你恐怕会大为惊讶。

亚历山大·弗莱明是英国的微生物学家，曾在伦敦的圣玛丽医院工作。1928 年他一直在培养的一种葡萄球菌被另一种真菌青霉菌产的孢子"污染"了，这一结果使他偶然发现了青霉素。在这种青霉菌形成菌落的地方，葡萄球菌的生长就受到了抑制。青霉菌在杀死葡萄球菌。

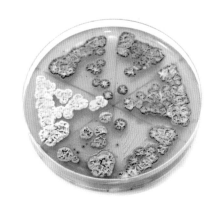

上图：将基因编辑过的真菌放在琼脂平板上，是抗生素生产过程中的一步。

到 1928 年时，人们已经完全认识到，细菌会引发疾病。这一观点是由德国微生物学家罗伯特·科赫最早给出了证明，他在 1876 年确认，炭疽杆菌是炭疽病的起因。次年法国生物学家巴斯德指出，炭疽杆菌会受到一种未知霉菌的抑制。一直到 19 世纪末，多位欧洲科学家都重复确认了这个观察结果，1920 年还有两名比利时人确认，这种霉菌就是青霉菌。但是，他们的文章都没有引起什么关注。

然而细说起来，这些现代的科学家也只是更有条理地记下了更早的年代里那些医生已经知道的一些内容，尽管那些医生当时并不了解这整个过程的原因。在古印度和古埃及，医生也经常用植物和真菌来治疗感染。在 17 世纪的波兰，人们会用湿面包和蜘蛛网做成泥膏敷在伤口上。甚至在 19 世纪末的法国，饲养马的人还会往马的创口上涂霉菌治疗感染。

但亚历山大·弗莱明后来所获得的荣誉也可以说是实至名归，因为这个"污染"的情况他能在实验中重复出来，也能从微生物学的角度认识到发生了什么。他看到了这个现象对未来可能意味着什么，也用多种不同的细菌试验了这种新的抗菌剂（他将其命名为青霉素）。除了葡萄球菌，这种抗菌剂对链球菌和引起白喉的细菌也有效，但对伤寒和流感不起作用。

亚历山大·弗莱明请同事帮他分离出纯

净的青霉素，在此之前他的"青霉素"只不过是一锅"菌汤"而已。但同事当时没能做到，亚历山大·弗莱明也失去了进一步研究这个现象的兴趣。但他的学生塞西尔·潘恩于 1930 年用"青霉素"治好了一个患有眼炎的婴儿，成为最早用"青霉素"治病的人。

纯青霉素终于在 1940 年被分离出来，是由厄恩斯特·钱恩和霍华德·弗洛里领导的一个研究项目完成的。两年后，亚历山大·弗莱明首次采用青霉素来治疗脑膜炎。早期大规模生产这种药物是为了满足二战中的治疗需求，为了让在前线作战的成千上万的盟军士兵恢复健康。

上图：20 世纪 40 年代初，亚历山大·弗莱明，摄于工作台前。

青霉素的治疗效果因为自己的成功而走向了后来的失败。因为它最初特别有效，也应用得非常广泛，所以有些细菌对它产生了耐药性。即便如此，青霉素还是被誉为"有史以来面对疾病所取得的最伟大的胜利"。亚历山大·弗莱明、钱恩和弗洛里因此共同获得了 1945 年的诺贝尔生理学或医学奖，然而

对于自己的成就，亚历山大·弗莱明总是谦抑有加。他回忆道："1928 年 9 月 28 日，那天早上我在天亮醒来时，肯定没想到自己会因为发现了世界上第一种抗生素，或者说杀菌剂，而彻底改变了整个医学。但是好像我确实这么做了。"

拉曼

（1888—1970 年）

拉曼散射

16 岁的时候，拉曼就因为天资聪颖让一位诺贝尔奖得主误以为他是教授。这位年轻的印度物理学家在 29 岁就当上了教授，他发现了大海为什么是蓝色的，还为这个世界提供了一种非侵入性诊断工具，可以用来诊断包括癌症在内的多种疾病。

钱德拉塞卡拉·拉曼从小到大在同龄人中一直都是学习成绩最好的。1930 年，他非常确定自己会赢得当年的诺贝尔奖，于是在获奖名单公布之前，提前 4 个月就规划好了从印度前往瑞典领奖的旅程。他的最早两篇文章在《哲学杂志》上发表的时候，他还是印度马德拉斯大学的本科生，结果 1904 年的诺贝尔奖得主瑞利因为这两篇文章开始跟他通信。瑞利用"教授"称呼拉曼，不知道是因为弄错了还是为了以好玩的方式表示尊敬。

拉曼和瑞利都对光和声波很感兴趣。瑞利当时正在研究人耳对声源方向有多敏感，而拉曼的早期工作研究的是鼓和弦乐器的振动。瑞利早年间曾正确解释过天空为什么是蓝色的，其原因就是现在我们称为瑞利散射的效应。

但是在解释大海的蓝色时，瑞利说是因为大海反射了天空的光，这就不对了。1921 年，拉曼乘船往返英国，途经地中海时，他开始思考瑞利的解释有什么问题。他用能消除反射光的棱镜观察水面，结果看到的海比任何时候都更蓝，因此拉曼推测，其原因是水中粒子的折射，而不是水面的反射。

事实证明确实如此。拉曼继续研究为什么折射会呈蓝色，而不是七彩中的其他颜色。刚开始他怀疑是因为某种荧光，尽管这一推测非常不可能，因为折射光是偏振的（实验中测得的荧光通常是没有偏振的）。在美国物理学家阿瑟·康普顿发现电磁波（光也是一种电磁波）可以被看成是粒子后，拉曼找到了突破口。康普顿研究的是 X 射线，但拉曼马上认识到，可见光肯定也一样。

1928 年年初，拉曼和自己的研究助理克里希南开始做实验，用光谱上的单色光来照射透明的液体。他们用拉曼发明的一种光谱仪来探测电磁波，结果发现单色光进入液体时，液体里的原子吸收了这种颜色，而光谱上频率比入射光低的另一种颜色却散射了出来。

这就是后来我们知道的拉曼散射，这是因为光子激发了原子，让原子具有了能量才发生的。后来他们发现，颜色的变化还可以用来识别特定的分子。拉曼光谱在研究型实验室中得到了广泛应用，还可以用于观测活

细胞而不会对其造成伤害，并有助于检测癌症。

拉曼发现的不只是一种新现象。美国物理学家罗伯特·伍德在重复确证拉曼的实验时宣称，拉曼得出的是"非常美丽的发现……也是量子理论最能让人信服的证据"。这是最早证实光的量子理论的实验结果，并且正如拉曼早就知道的那样，这也为他赢得了 1930 年的诺贝尔物理学奖。

左图：钱德拉塞卡拉·拉曼，摄于 20 世纪 60 年代末。美国物理学家康普顿发现 X 射线可以看成是一种粒子后，拉曼也从中受到了启发。他推测，康普顿效应应该也可以类比到可见光上面。
下图：用于拉曼散射实验的氩激光器。

钱德拉塞卡

（1910—1995 年）

大质量恒星坍缩

你能分辨出红巨星和褐矮星吗？黑洞和超新星谁会先出现？宇宙中布满了处于生命周期不同阶段的恒星，天体物理学家钱德拉塞卡用了一辈子的时间，来研究恒星会经历的物理变化。

苏布拉马尼扬·钱德拉塞卡的家在拉合尔，当时属于英属印度，现在属于巴基斯坦。他是在自己家里由父母教育的。后来他进入印度马德拉斯大学学习量子物理，并获得了英国剑桥大学的助学金，于是准备去那里读研究生。

剑桥大学的天体物理学家拉尔夫·福勒是钱德拉塞卡在剑桥大学的导师。1930 年，在前往英国就读研究生的远洋航行中，钱德拉塞卡用审读并修正福勒一部关于白矮星中电子气体力学的著作来打发时间，并根据爱因斯坦的狭义相对论对其重新进行了计算。

所有恒星都是从星云开始形成的，也就是尘埃和气体组成云团，原恒星再从中聚合生长出来。恒星之所以会发光，是因为它主要由氢组成，而这些氢一直在聚变成氦。氢耗尽之后，恒星会开始让氦聚变，体积也会变大，根据质量的不同变成红巨星或红超巨星。质量比太阳更小的恒星会变成红巨星，红巨星的氦完全聚变成碳之后，就无法再继续聚变下去了。红巨星中的气体会扩散到太空中，碳核坍缩成白矮星，最后能量散尽完全不再发光，就变成了褐矮星。

比太阳大得多的较大的恒星，在氢耗尽之后就会变成红超巨星。红超巨星有足够的能量来创造新元素，最后会完全变成铁。到这个阶段之后，恒星会在自身重力下坍缩并爆炸，短暂地成为超新星，随后又聚合为中子星，如果是特别大的红超巨星就会变成黑洞。

1930 年的时候还没有黑洞被发现，很多天体物理学家都认为这种东西不可能存在。但钱德拉塞卡在前往英国的航程中得出的结果表明，白矮星的大小肯定有个上限。钱德拉塞卡极限界定了白矮星的最大质量（目前估算结果为 1.44 倍的太阳质量）。更大的恒星都会无法作为白矮星稳定下来，而是会继续坍缩，成为超新星。这个极限也蕴含了红巨星和红超巨星之间的区别，也让我们对超新星、中子星以及现在已经发现了的黑洞有了更加深入的了解。

然而并非所有人都认同钱德拉塞卡极限。当时英国著名的天文学家亚瑟·爱丁顿就公开反驳了钱德拉塞卡极限，而钱德拉塞卡认为他这么做至少有一部分的原因是出于种族歧视。亚瑟·爱丁顿当时在天文学界的声名重如山，尽管有另一些人看到了钱德拉塞卡理论的意义，但却很少有人为他发声。他提出的白矮星大小的极限也在很多年里都无人问津，直到最后天体物理学的主流终于理解了他，他也终于在 1983 年获得了诺贝尔物理学奖。1999 年，他的遗孀向芝加哥大学捐赠了一笔跟他的诺贝尔奖奖金相当的款项，设立了一个纪念他的奖学金。

上图：环绕着一颗白矮星的行星状星云。

莱纳斯·鲍林

（1901—1994 年）

价键理论

鲍林可以说是跟量子力学一起长大的。量子理论的"新物理学"在鲍林的学生时代已成形，他是随着量子科学共同成长的一代，也是其中最耀眼的新星。

莱纳斯·鲍林很早就开始学化学了。他小时候有个朋友有一套小孩子玩的化学装备，让小时候的他十分着迷。他在美国俄勒冈州立大学学的当然也是化学，而且还在上学的时候他就有了一份教定量分析课程的工作，尽管当时他也不过才刚刚学完了这门课。

在学生时代的最后几年，他开始对吉尔伯特·路易斯的工作感兴趣。路易斯当时刚发表了一个关于分子中原子之间的共价键的新理论，也就是原子与原子之间如何结合起来的机制和规则。拿到博士学位后，鲍林在欧洲游历了两年，参观访问了新的量子物理研究中心，他也在思考量子物理对化学的影响。

1927 年，他接受了美国加州理工学院的教职，并开始苦心研究复杂分子及其结构。接下来的 5 年，他做出了足以定义他的职业生涯的创新研究，在他名下发表了 50 多篇论文。他以路易斯的工作为基础，将其与沃尔特·海特勒及弗里茨·伦敦两人的工作结合

起来，后面这两位都曾努力调整路易斯的理论，使之与量子化学理论协调起来。在这之后，鲍林提出了自己关于价键的想法，即共振论和杂化轨道理论。

鲍林的《化学键的本质》发表于 1931 年，他在此文中将所有这些"珠玉"都"串"了起来，编成了一篇关于现代价键理论的基础的阐述性著作。1938 年，这篇论文扩展成了一本书并出版，并马上成了经典杰作。截至 1969 年，科学论文引用这一著作已达 1.6 万次以上，一直到今天，它都还在一直启发并影响着当代的化学研究。

在这个领域，鲍林不是一个人在战斗。在他之后，又出现了另一个概念。鲍林的价键理论（VBT）提出，原子轨道上的电子与其他原子的轨道

左图：鲍林这本讨论化学键性质的书，自 1938 年出版以来一直行销不衰。他有意省略了几乎所有的数学内容，专注于描述和实例。书中有大量关于分子的图画和图表，作为科学教材，它十分适合阅读。他撰著此书是为了让人们知道，化学应该用来理解而不是背诵。

的电子通过化学键连接起来形成分子，然而分子轨道理论（MOT）认为，电子是绕着整个分子运动的。20世纪60年代以来，分子轨道理论被化学中的计算机程序采用后，价键理论被冷落了。但是到了80年代在价键理论的计算问题得到了解决后，它又重新流行起来。

鲍林为量子化学打好基础之后，转而又研究起生物大分子来。他对血红蛋白、蛋白质、氨基酸和多肽的结构的研究，启发了英国一个由沃森、克里克、威尔金斯和罗莎琳德组成的团队，让他们发现了DNA的结构。他对镰状细胞病的研究开启了分子遗传学的研究，而在他成绩卓著的职业生涯的最后数十年，他还研究过原子核的结构。

第二次世界大战期间，鲍林拒绝了罗伯特·奥本海默的邀请，没有加入曼哈顿计划。他公开反对核战争，并发起运动反对越南战争，结果使他在科学界坐起了冷板凳，也失去了政治上建制派的支持。鲍林被授予1962年的诺贝尔和平奖，这是他继1954年的诺贝尔化学奖之后得到的第二个诺贝尔奖。截至2021年，他仍然是唯一独自一人获得过两次诺奖的人，而曾获得过两次诺奖的四个人中，也只有他和居里夫人的两次获奖是在不同的领域。

上图及左图：鲍林这位魅力非凡的化学家的两张照片。

查德威克

(1891—1974 年)

中子

査德威克这辈子活得十分精彩。他经历过的事情有：偶然进入了物理系，并在两位核物理巨人的门下受业，还在战争拘留营中度过了一段时日，后来有名的曼哈顿计划他也参与其中。最后，他还发现了一种新的基本粒子。

詹姆斯·查德威克很聪明，在学校上学的时候就表现出色，还通过了两所大学的入学考试。他本来打算学数学，但招生面试的工作人员以为他打算学物理，他又太过腼腆没能纠正他们，于是竟意外开启了他未来的一段辉煌的职业生涯。查德威克在物理学家卢瑟福的门下受业，就在他入学的 1908 年，这位老师还获得了诺贝尔奖。

大学毕业后，他拿到了奖学金，有机会去欧洲学习，于是便选择去柏林跟汉斯·盖格一起研究 β 辐射。盖格是在柏林研究辐射的带头人，盖格计数器就是他发明的。然而很不幸，第一次世界大战于 1914 年爆发时查德威克还在柏林，他只能在那里的一座平民拘留营里度过了接下来的 4 年。

回到英国后，他回到曼彻斯特大学和卢瑟福一起工作。1919 年，卢瑟福被任命为剑桥大学卡文迪什实验室的主任，查德威克也跟了过去。最后查德威克被任命为卢瑟福的助理研究主管，两人在原子领域展开了密切合作。

他们对原子核的组成特别感兴趣。当时人们认为，原子核由电子和质子组成，这个理论给出了正确的电荷和质量，但关于自旋（由原子核和基本粒子携带的一种角动量的内在形式）却是错的。卢瑟福和查德威克提出了新的理论，认为这不是电子，而是一种新的不带电的基本粒子，并称之为中子。

另一些人的研究让查德威克开始证明中子确实存在。让·弗雷德里克·约里奥-居里和伊雷娜·约里奥-居里这对夫妻搭档（小居里夫妇）认为，他们于 1932 年用铍和钋的 γ 射线从石蜡中轰击出了质子。但剑桥二人组认为，γ 射线不够强劲，应该无法把质子轰击出来，倒是中子只需要很少的能量就能轰击出来。

卢瑟福是主任，在卡文迪什实验室还有很多别的工作，但查德威克放下了一切，心无旁骛地重新进行了小居里夫妇的实验。石蜡里飞出来的质子表现得完全就像是被质子大小的中性粒子击中过一样。因此，他发现了中子，而小居里夫妇却没有注意到这是一种新的基本粒子。

查德威克迅速采取行动，宣称是自己首

先发现了中子。仅仅两周后他就写了封信，题为《中子可能存在》，随即又在 3 个月后发表了一篇文章，标题改为《中子的存在》。单单是发现中子这么一件事，就改变了科学研究的方向。中子可以用来轰击原子核，在原子核里发生的 β 衰变可以把中子转化为质子。这样一来，就有可能在实验室里创造新元素了。

　　有了中子，原子分裂也就有了可能，还可以应用于核电站乃至核弹。第二次世界大战开始时，英国政府曾要求查德威克考虑制造核弹的可能性，他的报告也发给了美国。美国立即批准了曼哈顿计划，开始自行制造核弹。英国和美国就是否有必要用核弹轰炸日本达成一致时查德威克也在场，1945 年 7 月 16 日，他也见证了第一次核试验。

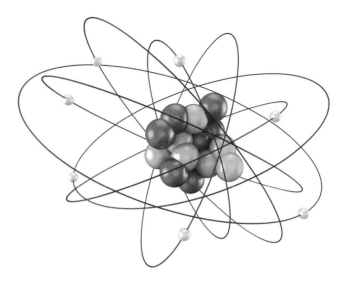

上图：一个氮原子，有 7 个电子环绕着 7 个质子和 7 个中子。

右图：1945 年 7 月 16 日，在新墨西哥州阿拉莫戈多，"三位一体"钚弹试爆后的蘑菇云。

欧内斯特·沃尔顿和约翰·科克罗夫特

(1903—1995 年　1897—1967 年)

质子轰击引发的核裂变

卢瑟福的两名博士研究生都想接着做他们导师早年做过的分裂原子的实验，但是都没有成功，直到卢瑟福建议他们俩通力合作才出现了转机。

欧内斯特·沃尔顿和约翰·科克罗夫特都很早就显示出将来会在物理学领域大展拳脚的能力，因此卢瑟福同意在剑桥大学卡文迪什实验室亲自指导他们俩的博士论文。学生会天然地觉得这位导师高山仰止：1919 年，卢瑟福用来自放射性元素的 α 粒子轰击氮原子，将其转化为氧原子，从而成为第一个把一种元素变成另一种元素的人。这件事本身就非同寻常，也让人们对原子如何组成有了新的认识。

但是，能用 α 粒子轰击的只是少数几种特定的元素。沃尔顿想用自制粒子加速器加速带电粒子去轰击轻原子核，比如锂，希望由此得到更一致的结果。与此同时，科克罗夫特自己建造了一个放电管，可以加速质子使之进入原子核。卢瑟福建议他俩可以共同合作，还给他们从学校弄了一小笔钱——1000 英镑，去建一个好一点儿的机器。

就算在 1930 年，1000 英镑也不是什么大数目，不够用来建造能改天换地的科学设备。因此沃尔顿和科克罗夫特后来东拼西凑组装起来的粒子加速器中，用到了自行车零件、泥块、食品罐头、玻璃管等，以及他们

在实验室里能找到的任何"破烂"。到 1938 年在这台机器终于被美国制造的一台回旋加速器取代之前，他们在用于建造机器以及用来放机器的屋子上已经花了 25 万英镑以上。

尽管如此，他们的原始设计（后来叫作科克罗夫特-沃尔顿加速器）还是在不辱使命后，功成身退。这是世界上的第一台粒子加速器，可以从低压交流电中产生 70 万伏的直流电，已足够用来给质子加速。

1932 年 4 月 14 日，沃尔顿用质子去轰击一个薄层的锂。50 年后他回忆道："我看到了很微弱的闪光，看起来就跟我之前在书上读到过的，但从来没亲眼见过的 α 粒子产生的闪烁一样。"这些 α 粒子就是锂原子转化

上图：沃尔顿（左）、卢瑟福（中）和科克罗夫特（右），摄于 1932 年。

成的氦原子核。科克罗夫特-沃尔顿加速器完成了历史上第一次人工核裂变。

沃尔顿和科克罗夫特用 α 粒子和氘等各种粒子进行了更多的实验，让很多其他元素的原子也实现了核裂变，他们把碳原子和氮原子分别变成了碳-11 和氮-13，即两者的放射性同位素。他们的工作确证了很多关于原子结构的想法，而在此之前这些想法都只是纸上谈兵。他们还证明了著名的爱因斯坦质能方程，即 $E=mc^2$。

科克罗夫特后来在英国核电工业的发展中也发挥了重要作用。沃尔顿在他的祖国爱尔兰的都柏林大学圣三一学院被授予自然与实验哲学的伊拉斯谟·史密斯教席，而他在这里也因为能够以通俗易懂的方式讲解复杂的内容而闻名。他们俩分享了 1951 年的诺贝尔物理学奖。

右图：科克罗夫特-沃尔顿加速器，现已不再使用。这台设备曾用于为质子提供初始速度，之后质子会被发射到 200MeV 直线加速器上进一步加速，然后发送给交变磁场梯度同步加速器。

弗里茨·兹威基

（1989—1974 年）

暗物质

暗物质和暗能量在我们这个宇宙中约占 95%。也就是说，就算是天文领域最强大的望远镜，也只能看到宇宙的一小部分。我们怎么知道存在暗物质和暗能量的呢？这是瑞士天文学家兹威基搞明白的。

按照定义，暗物质在黑暗的宇宙中很难看到。但在现代天文学中，往往可以通过了解事物对其他事物的影响，比如引力效应，来知道这些事物的存在。无论暗物质由什么组成，到现在为止，除了引力之外，这种物质对周围环境似乎都没有任何可以追溯到它身上的影响。

让弗里茨·兹威基相信暗物质存在的，正是这种物质的引力效应。1933 年，他开始研究后发星系团。他把一种叫作位力定理的计算方法应用于这个系统，也就是将这个系统的势能（系统中物体之间引力应力的结果）与其动能（系统中物体在轨道上和旋转中实际发生的运动量和旋转量）比较一番。

兹威基注意到，后发星系团的动能所需要的引力，是后发星系团中可见物质能提供的引力的 400 多倍。这就证明在后发星系团中还有

上图：精神矍铄的弗里茨·兹威基。美国加州理工学院的另一位天文学家沃尔特·巴德用自己的名字命名了兹威基发现的一个星系。埃德温·哈勃纠正了这个记录，现在这个星系在星表中叫作兹威基星系。

一些质量极大但看不见的东西在施加引力影响。兹威基称之为"暗物质"。

宇宙中有看不见的物质，这个想法最早是由开尔文勋爵（威廉·汤姆孙）在 1884 年提出的。在谈到我们所在的银河系时，他表示："我们的很多恒星可能都是黑暗的天体。"就在兹威基发现暗物质的前一年，荷兰天文学家扬·奥尔特在我们所在的星系群中观测到恒星自转与可见物质质量之间存在引力异常，但这被认为只不过是计算错误，没有引起关注。

实际上兹威基的计算也并非以完整的数据为基础，但他的推理论证十分站得住脚。接下来的几年，其他天文学家也得出了类似的观测结果，包括（又是）扬·奥尔特在纺锤状星系又一次观测到了类似的引力异常（1992 年这里还发现了一个超大质量的黑洞）。20 世纪七八十

年代，看不见的引力的更多证据逐渐曝光，比如说这些星系后面的天体发出的光线在引力作用下弯曲了。

自不必说，暗物质的存在向宇宙及其形成的现有模型发起了挑战。不同科学家的估算各有不同，但现在一般认为，暗物质构成了宇宙总质量的 30% 左右，而暗物质和暗能量合起来占到了 90%～99%。

然而，我们从来没有直接观测到暗物质，只是通过推断知道有这种物质存在。现在的共识是，暗物质由一种迄今仍未被发现的亚原子粒子组成，这种粒子与可见宇宙中所有原子的原子核里的粒子差不多对等，但完全不同。寻找这种粒子，是当代粒子物理学的核心工作之一。

上图：后发星系团中一个宏伟的正面朝向我们的螺旋星系，它位于 3.2 亿光年外的北天星座之一的后发座。这个星系叫作 NGC 4911，在其中心附近有大量尘埃和气体形成的路径。

汉斯·克雷布斯

（1900—1981 年）

克雷布斯循环

新陈代谢是人体将营养物质转化为能量并排出废料的一系列过程。克雷布斯的整个职业生涯，都在致力于了解我们一直依赖但不自知的身体各机能之间复杂的相互依存关系。

上大学之前，汉斯·克雷布斯曾经在第一次世界大战中短暂参战。他说，他从这段经历中学到的，是训练有素地做好记录以及团队合作的价值。从化学系毕业后，他对生物化学产生了兴趣，还为奥托·瓦尔堡工作过一段时间。瓦尔堡称得上是 20 世纪非常伟大的生物化学家，他是个老派的德国人，专制、拘谨，不能容忍任何错误。战争期间他也曾在骑兵部队服役，还因为表现英勇获得了一枚铁十字勋章。但在纪律、专注和正直这些方面，他从部队里学到的跟克雷布斯一模一样。克雷布斯对瓦尔堡极为崇拜，在研究方法和严格的研究标准上面，他从瓦尔堡身上学到了很多东西。

随后，克雷布斯搬到了弗赖堡大学，在那里，他可以自由地从事自己的研究。他改进了瓦尔堡的一项把组织切成薄片来研究细胞中的新陈代谢的技术，往里面添加了一种他别出心裁的血浆替代品。这么做可以让实验更准确，到现在世界各地的实验室都仍在运用这个方法。

克雷布斯跟他在弗赖堡大学的研究生库尔特·亨泽莱特共同发现了，新陈代谢会把氨（氨基酸分解之后的副产品之一）转化为尿素，这样一来身体不需要的氮就可以通过尿液从体内排泄出去。这是第一个详细描述的关于新陈代谢的循环，1932 年的克雷布斯也因此项发现立即在国际上声名鹊起。

但他在德国的名气并没有维持多久。1933 年希特勒在德国掌权后马上通过了一项法律，规定雇用犹太人从事专业工作为非法。克雷布斯在当年 4 月被解雇了。好在他在剑桥大学有一位仰慕者弗雷德里克·霍普金斯，在得知克雷布斯的境况后，就给他提供了一个在剑桥大学的职位。出乎意料，克雷布斯竟然被获准随身带走了自己的实验设备和样品，到了当年 7 月，他就已经在剑桥大学化学系继续开展自己的研究了。两年后他又换到了谢菲尔德大学工作，在那里做出了他职业生涯中最重要的生物化学研究成果。

在那里，克雷布斯发现了极为重要的三羧酸循环，也叫柠檬酸循环或克雷布斯循环。这个循环分 8 个阶段，从草酰乙酸分解乙酰辅酶 A 开始，到重新生成草酰乙酸用于下一轮循环结束，中间会产生水、二氧化碳并释放能量。这个循环会处理掉我们吃的约三分

上图：克雷布斯最著名的成就是发现了动物体内两个极为重要的化学反应，即尿素循环和三羧酸循环，后者也叫克雷布斯循环。他还跟汉斯·科恩伯格一起发现了乙醛酸循环。

之二的食物，几乎跟其他所有新陈代谢的循环都有关联。

三羧酸循环的重要性再怎么强调都不为过。这个循环绝对是人体和很多其他动物机体能够正常运转的核心原因。1953 年，克雷布斯跟弗里茨·李普曼共同获得了诺贝尔生理学或医学奖。李普曼也是德国犹太人，但已经移民到美国，三羧酸循环中涉及的辅酶 A 就是他发现的。

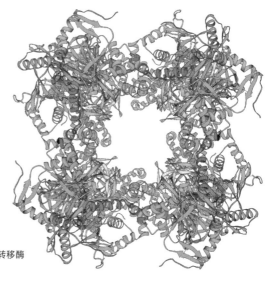

右图：三羧酸循环（或者说克雷布斯循环）中的二氢硫辛酰胺琥珀酰转移酶的分子模型。

斯金纳

（1904—1990 年）
操作行为主义

斯金纳箱是奖励所期望行为的一种方式，也是研究动物心理和知觉的标准工具。斯金纳的实验虽然主要是以动物为对象，但也让我们发现了人类行为的很多秘密。

伯尔赫斯·弗雷德里克·斯金纳少年时代曾梦想成为作家，但这个梦想没有实现。也是在那个时候，他偶然发现了俄国心理学家巴甫洛夫和美国心理学家约翰·华生的著作，行为主义心理学派就是华生开创的。行为主义者认为，我们学会以某种方式行事，是过去不断强化这种行为的结果。简单来说，如果孩子因为洗手得到了表扬，他们就会继续洗手。

斯金纳把写出伟大小说的梦想束之高阁，去了哈佛大学深造。在那里拿到博士学位后，他继续留校任教。他很喜欢用精确、科学的方式进行心理学研究。为此他设计了斯金纳箱，他自己称之为"操作性行为装置"，这是一个在被试动物按下杠杆或啄击按钮时会发给它们食物或其他奖励的容器。

他还发明了一台和斯金纳箱配套的机器，用来记录动物行为触发奖励的频率。斯金纳用不同的奖励做实验，发现行为并不是针对某种刺激事件的反应，比如（据说能）让巴甫洛夫那条著名的狗流口水的并不是铃声，而是紧随行为之后出现的奖励。

斯金纳把这种行为叫作操作性行为，与巴甫洛夫式的响应性行为形成了鲜明对比。无论是对铃声还是其他类似刺激的反应，响应性行为都是自动的。但操作性行为不是因为刺激而引发，而是在寻求通过习得的行为来一次又一次得到奖励。

他把奖励描述为操作性强化，既可以是积极强化（例如发给食物或表扬），也可以是消极强化（例如去除某个限制，或结束一项不愉快的任务）。惩罚是操作性条件反射的另一种技术，同样既可以是积极的（例如施加监禁或体罚），也可以是消极的（比如取消某种特权，或拿走最喜欢的玩具）。所奖励的行为会得到强化，会受到惩罚的行为则会被阻止。

在斯金纳看来，操作性行为证明了自由意志只是一种错觉。他认为，我们都只是早年生活中强化力量的产物，如果能审慎运用正确的奖励，社会是可以按照想要的样子规划出来的。他用虚构的方式在 1948 年出版的小说《瓦尔登湖第二》中呈现了他对这个心理学乌托邦最完整的看法，书中的公民都受

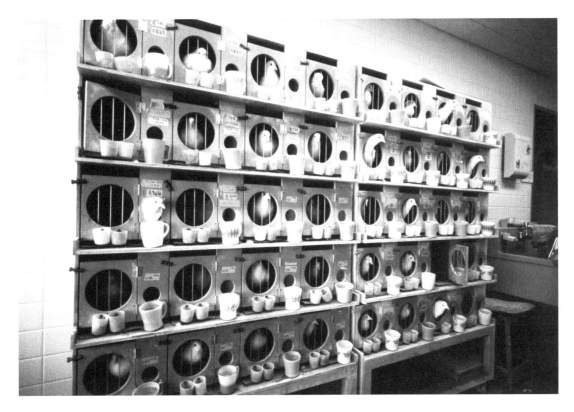

上图：斯金纳的实验经常会用到鸽子。他教鸽子打乒乓球、啄杠杆，第二次世界大战期间，军方还请他研究鸽子制导导弹有无可能。
右图：斯金纳对研究人类的思维过程没什么兴趣。他的研究领域我们叫作行为主义，关注的是可观测的行为，以及这些行为是如何从环境因素中产生的。

到操作性强化的制约，自由意志在这里无处藏身。书名出自梭罗的《瓦尔登湖》，那里面描绘的是一个比斯金纳的乌托邦更接近自然的乌托邦。

　　有 10 多个现实的生活社区在《瓦尔登湖第二》的激发下建立了起来。如今，行为主义不再像往常一样占据着心理学的主导地位，但斯金纳的操作性行为仍然有其地位，也仍然应用在包括心理健康工作和动物训练等很多情形中。

恩利克·费米

（1901—1954 年）

中子辐射引发的核裂变

尽管人们会记住费米往往是因为他设计了原子弹，但实际上他对核时代的贡献要比原子弹重要得多。他因为这些贡献获得了诺贝尔奖，也可以说正是这个诺贝尔奖，把他们一家人从第二次世界大战恐怖的反犹主义中拯救了出来。

恩利克·费米经常会被描述成没有政治色彩的人，但他非常精明，他在墨索里尼于 1938 年开始采取跟盟友希特勒一样的反犹政策时，利用要参加诺贝尔奖颁奖典礼的机会离开了祖国意大利。费米的妻子是犹太人，他用诺贝尔奖的奖金让全家人都移民到了美国。二战后，费米还公开反对杜鲁门总统研发核弹的决定。

费米的早期工作是研究亚原子粒子。1927 年，他新发现了一组统计数据，显示这类粒子遵循泡利不相容原理，现在我们用费米的名字称之为费米子。费米子包括电子和质子等粒子，还有当时尚未发现的中子。

泡利曾提出有一种神秘的粒子，为了满足能量守恒定律，必然有这样一种粒子伴随着在 β 衰变过程中离开原子核的电子。费米把这种粒子命名为中微子，他假定泡利是对的，并进一步发展了 β 衰变的理论，证明了这种粒子是弱相互作用的一个例子。他去世后两年，美国物理学家克莱德·考恩和弗雷德里克·莱因斯终于发现了这种小之又小的中微子，证明费米是对的。

20 世纪 30 年代初有两件事让费米踏上了他的诺贝尔奖之路。其一是英国物理学家查德威克在 1932 年发现了中子，这是原子核的一种组分。次年，小居里夫妇也就是居里夫人的长女和女婿发现，可以用 α 粒子（氦原子核）人工制造出放射性元素。

根据自己对费米子的了解，费米认定中子在这方面会比 α 粒子更有效。他用中子轰击了 60 多种不同的元素，发现这个过程不仅产生了很多新的放射性同位素，而且还观察到，如果让中子放慢速度，甚至还会更加高效。费米因为研究中子引发的核反应方面的工作，获得了 1938 年的诺贝尔物理学奖。

移居美国后，费米继续做核研究，也加入了为美国制造原子弹的曼哈顿计划。他发现，如果把铀中子发射到已经在发生裂变的铀中，就有可能发生链式反应，释放出巨大的能量。在芝加哥大学斯塔格球场看台下位于地下的壁球场中，他设计并建造了一个核反应堆，并于 1942 年 12 月 2 日开启了世界上第一个可控的链式核反应。

杜鲁门批准研造氢弹的项目后，费米也

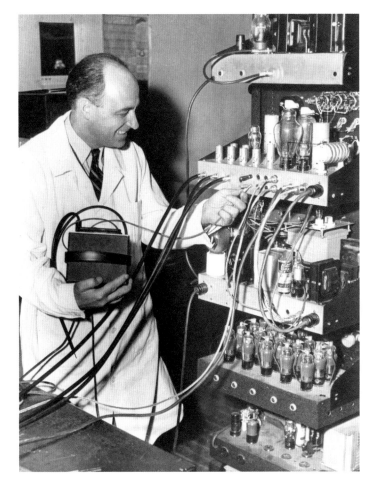

继续在这个项目中效力，但他一心希望证明氢弹不可能做出来。他认为，把这样的炸弹投入使用，无异于种族灭绝。晚年生活中他经常思考将科学发现用于社会的好处，他相信科学发现总体上来讲是好事。他说："我们很难肯定的，也是我们热切希望的就是，人类很快就能足够成熟，能够善用他们从自然界获得的力量。"

左图：1948 年，费米在芝加哥大学检查中子计数器中的电路。

左图：曼哈顿计划并非只有芝加哥一地参与。这张 1945 年 2 月摄于华盛顿州哥伦比亚河上的汉福德基地的照片，展示了核反应堆顶部竖直的安全棒和连着安全棒的缆绳。背景中的银色圆桶中有硼溶液，这是安全棒因为地震而无法落下时用来紧急关闭反应堆系统的一部分。

斯坦利·米勒

（1930—2007 年）

地球生命的可能起源

自从达尔文最早提出进化论以来，就一直有一个问题。物理学家已经在千锤百炼之后提出了他们关于宇宙起源的理论，那么生物学的"大爆炸"是什么？地球上的生命是怎么开始的？20 世纪 50 年代的一系列引人入胜的实验，给了我们一个可能的答案。

从地球可能形成的时候到已知最古老的化石之间有一个大概 10 亿年多一点的窗口期。在这期间发生了什么？地球上的生命是在地球上诞生的呢，还是由小行星带到地球上来的？如果是小行星带来的，那是来的时候就已经完全成形了呢，还是那些组成部分又经过了亿万年的进化才组合成生命？

1951 年，斯坦利·米勒从美国加州大学伯克利分校毕业，获得了化学学士学位。他去听了哈罗德·尤里的一次讲座，尤里因为发现氘而获得过诺贝尔奖。这次讲座则是在讲太阳系的起源，以及地球上有可能让有机化合物得以合成的大气条件。米勒的好奇心被勾了起来，他决定博士论文就写这个题目，并请尤里做自己的导师。

他们一起设计了一个实验，用 4 种基本成分——水、甲烷、氨和氢组成的"汤"来重现生命出现之前的原始环境，并以高压放电的形式向其中加入"闪电"，希望引发一些化学反应。在一周的时间里，米勒在"汤"里发现了至少 5 种氨基酸，它们均由原来的 4 种无机化合物形成。米勒还发现，氨基酸会在加热时结合起来形成蛋白质链。他成功造出了一些生命的基本组成部分。

然而，还缺一些东西。生命必须能自我复制，但是蛋白质不行。要自我复制，必须要有核糖核酸（RNA）或脱氧核糖核酸（DNA），这些复杂分子是可以自我复制的。说来也巧，就在米勒最早的实验结果发表的那一年，罗莎琳德、威尔金斯、沃森和克里克也发现了 DNA 结构。米勒剩下的职业生涯都在继续完善他的实验，但他从来没有成功创造出生命，其他人的实验也是一样。不过他最早的实验激发了生物学的一个分支，在那以前，人们都觉得这只是边缘学科。

他的工作没有得到多少认可。对早期地球的地质学分析表明，当时地球上的甲烷和氢并不多，不过也有支持者指出，局部地区比如火山附近可能会有大量的甲烷和氢。批评人士还指出，有生命的有机体并非只是一堆化合物，这些化学物质还必须包含在细胞里。

地球上确实有一个地方有和米勒重现的条件类似的环境——海底热泉会喷发出炽热

的气体，与盐水结合后会形成富含矿物质和氢的沉积物。这样形成的温暖的碱性环境促进了化学反应，而这些化学反应就像米勒的那锅"汤"一样，能产生复杂的有机化合物。2019年，英国伦敦大学学院的一个研究团队成功重现了这样的条件，并造出了原始的脂肪细胞。或许，生命最初的试验场不是浅水坑，而是深海。

右图：米勒，进行著名的"原始汤"实验的美国化学家，对地球生命的起源提出了目前最令人信服的说法。

罗莎琳德、威尔金斯、沃森和克里克

（1920—1958 年　1916—2004 年　1928—　1916—2004 年）

DNA 双螺旋结构

人们早就知道，蓝眼睛、红头发之类的身体特征会代代相传。随着人类越来越深入地在宇宙中探寻自身的起源，也开始同时在自己身上进行类似的深入探索，探索这样代代相传的生物学机制。

如果说基因好似生命的砖块，那么 DNA 就似怎么用这些砖块搭建生命大厦的指导手册。蛋白质是决定我们身体特征的染色体的另一种组分，与之相比 DNA 要简单很多：组成 DNA 的只有 4 种碱基，而组成蛋白质的有 20 多种氨基酸。发现 DNA 的结构，是解开 DNA 所携带遗传密码至关重要的第一步。

20 世纪的前几十年，美国生物化学家菲伯斯·莱文在 DNA 和 RNA（核糖核酸）方面做了很多很重要的前期工作。英国细菌学家弗雷德里克·格里菲思在 1928 年的一项细菌研究中，证明了 DNA 有遗传作用。还有一个英国人，分子生物学家威廉·阿斯特伯里用 X 光发现了 DNA 有规则的结构。

20 世纪 50 年代初，有两组英国科学家在你追我赶，都想率先绘制出 DNA 图谱。1952 年 5 月，伦敦国王学院罗莎琳德·富兰克林的研究生雷蒙·葛斯林拍摄了一张当时最清晰的 DNA 的 X 射线照片，清晰地显示出了螺旋形的结构。

罗莎琳德跟同事莫里斯·威尔金斯一起讨论这个发现说明了什么，并把照片拿给剑桥大学的弗朗西斯·克里克和詹姆斯·沃森

看，他俩也在做这个领域的研究。克里克和沃森利用罗莎琳德和其他研究人员的数据构建了一个分子模型，用棍和球拼出了 DNA 分子的结构，此模型能满足当时所有关于 DNA 的已知信息。这一结果得到的就是两条相互交织、连接的螺旋：看起来赏心悦目、科学上也极为精确的双螺旋结构。

据说在 1953 年 2 月 28 日这天中午前后，克里克冲进他在当地最常去的酒吧，就是剑桥大学的老鹰酒吧，兴高采烈地大声宣布："我发现了生命的秘密！" 1953 年 4 月，罗莎琳德和葛斯林、威尔金斯、克里克和沃森的 3 篇文章同时发表在《自然》上，用这本极具影响力的科学杂志正式宣布了他们的研究成果。

进一步的研究和实验证明，沃森-克里克模型是正确的。1962 年，克里克、沃森和威尔金斯因为他们的发现获得了诺贝尔奖。只有在世的科学家才能获得该奖，而罗莎琳德已经于 1958 年英年早逝。然而很让人遗憾，没有一个获奖者在获奖演说中提到她的开创性工作。只有威尔金斯在获奖感言中承认了罗莎琳德的贡献，而罗莎琳德的全部功绩直

到后来才终于浮出水面。

　　既然 DNA 的结构已经确定，分子生物学家便开始把注意力转向破解其中包含的遗传密码。有了这些之后，他们就能绘制基因图谱。首先被绘制出来的是果蝇（只有 4 对染色体），最后终于绘到了人类（23 对染色体）。

　　DNA 结构的发现，让我们对物种的发展演化和生命本身都有了更深刻的认识。这个发现让我们更加了解遗传性疾病，也更有可能找到潜在的治疗方法。DNA 检测现在已经成为侦查犯罪的常规手段。但是，随着这些新知识的出现，道德风险也如影随形。我们这个社会，还需要继续与我们对物种进行基因改造的能力带来的道德困境做斗争。

上图：罗莎琳德被分派到伦敦国王学院的 DNA 研究项目，因为她是当时学院最有经验的衍射实验研究人员。一直到近几年，她在发现 DNA 结构中的贡献才得到充分肯定。

下图：虚化背景下的 DNA 双螺旋结构。

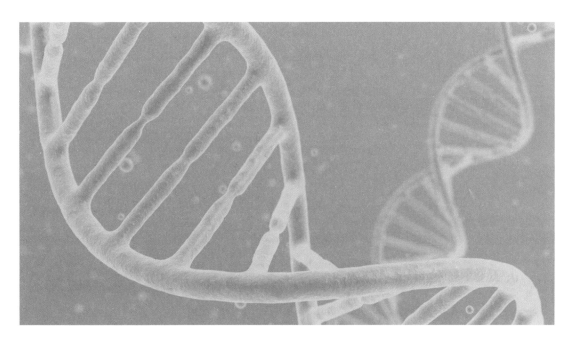

弗雷德里克·桑格

（1918—2013 年）

胰岛素中的氨基酸序列

截至 2021 年，曾经两次获得过诺贝尔奖的人只有四个，其中一位叫作桑格，但是他自称"只是个在实验室里瞎胡闹的家伙"。他因为生物化学成就被授予爵士头衔，但他拒绝接受。他说："爵士头衔会让你跟别人不一样，对不对？但是我不想跟别人不一样。"

弗雷德里克·桑格跟别人不大一样，人们认为，他是 20 世纪十分优秀的生物化学家。他的两个诺贝尔奖是近年来所有科学领域中非常重量级的成就：研究出胰岛素的结构，并成为最早对基因完整测序的人，其测序对象是一种噬菌体。

1 型糖尿病在 19 世纪还是回天乏术的一种疾病。一系列发现证明，胰岛素和糖尿病有关联。1869 年，德国柏林病理研究所的保罗·朗格汉斯首次确认了胰腺中的岛状细胞团，现在我们称之为朗格汉斯岛，也叫胰岛。他不知道这团细胞是什么，但美国病理学家尤金·奥佩在 1901 年通过实验证明，这些细胞被损坏会引发糖尿病。有几个研究项目想要确认胰岛的分泌物，但因为第一次世界大战而陷入停滞。1916 年，英国内分泌学家爱德华·沙佩沙尔将这种分泌物命名为胰岛素。

20 世纪 20 年代初发明了从奶牛身上提取胰岛素的方法，1922 年，一位濒死的糖尿病患者在接受胰岛素治疗后，完全恢复了健康。从那以后，提纯过的动物胰岛素成为治疗这种疾病的标准药物，科学家也逐渐对这种分泌物的性质有了更多了解。1935 年科学家确认，胰岛素是一种含有苯丙氨酸和脯氨酸等氨基酸的蛋白质激素。

桑格整个职业生涯都在英国的剑桥大学度过。20 世纪 50 年代初，他开始研究胰岛素的氨基酸结构。他用一种成熟技术（分配层析）和一种新技术（纸层析）确认，牛胰岛素由两条氨基酸链组成，又在 1954 年描述了这两条氨基酸链的完整序列，以及让这两条链连接起来的机制。

1 型糖尿病的病患通常是年轻人，每年大约有 8 万名儿童和年轻人患病。桑格的工作使大规模生产合成胰岛素成为可能，也因此

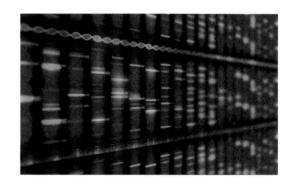

上图：DNA 测序的示意图，桑格为此发明了桑格测序。

拯救了数十万人的生命。1958 年，桑格因为对胰岛素的测序工作获得了诺贝尔化学奖。

随后在 1978 年，人类首次通过基因工程培养大肠杆菌生产出了人胰岛素，现在用于治疗的胰岛素大部分都是合成的人胰岛素。2010 年，还有一个加拿大科学家团队发现了一种用菊科植物红花生产胰岛素的方法，降低了胰岛素的生产成本。

在胰岛素方面取得突破后，桑格继续在英国医学研究理事会进行 RNA 和 DNA 的测序工作。他发明了一种快速、准确的 DNA 分子测序方法，并用这种方法确定了一种噬菌体（会感染细菌的病毒）的完整 DNA 序列。这项工作为他在 1980 年赢得了第二个诺贝尔奖，他也是迄今在化学领域两次获得该奖的两个人之一。2003 年用来进行人类全基因组测序的方法，就是桑格测序。

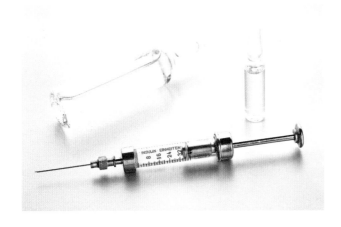

上图：1993 年，弗雷德里克·桑格在他英国剑桥家中心爱的温室里。
左图：用来注射胰岛素的老式注射器和胰岛素。

杨振宁和李政道

（1922— 1926—）

粒子弱相互作用中的宇称不守恒

如果说现代物理学里有哪两件事情算是靠得住的，那就是能量守恒和宇称守恒。至少所有人都是这么认为的。然而对于宇称问题，事实证明量子力学中有些基本粒子会区分左右。

基本粒子能用粒子加速器观测到，比如欧洲核子研究中心里的那一台，也可以在穿过大气层时分解的宇宙射线中观测到。其中有些亚原子粒子很难捕捉，因为它们很不稳定，很快就会衰变成别的粒子，比如介子几十纳秒后就会衰变。

介子有好几种，其中有两种对 20 世纪 50 年代的物理学家来说看起来十分矛盾。τ 介子和 θ 介子的质量和衰变时间似乎都完全一样，区别只是衰变后会变成什么。每个 τ 介子衰变后会变成 3 个 π 介子，而每个 θ 介子会变成 2 个 π 介子。按照宇称守恒定律（左旋系统和右旋系统中粒子物理属性的对称性），这个结果表明 τ 介子和 θ 介子肯定是不同的粒子，但两者的质量和衰变时间一样，又意味着二者肯定是同一种粒子。

在美国普林斯顿高等研究院做博士后的杨振宁，以及在美国哥伦比亚大学任教的李政道，这两位物理学家想要解决这个用术语来讲叫作"宇称破缺"的矛盾。当时宇称守恒跟能量守恒一样，是物理学大厦的基石，

在粒子物理学中，宇称守恒也通过实验和观测得到了证实。

但事实并非如此。说来有几分尴尬，这些实验极不严谨，而且其结果表明"定律"只适用于某几种粒子，但"定律"肯定是要放之四海而皆准的。粒子之间的相互作用可以归结到四种基本作用力，而宇称守恒只在电磁相互作用和所谓强相互作用下验证过，大部分物理相互作用都主要是这两种作用力。然而介子之间的相互作用涉及的是弱相互作用，杨振宁和李政道发现，还没有人证明过弱相互作用下的宇称守恒。（第四种作用力是万有引力。）

为了补上这个疏忽，杨振宁和李政道设计了一系列实验，结果证明在弱相互作用束缚下的粒子中，宇称未必守恒。因为没能更早认识到这一点，让粒子研究的进展停滞了好几年。他们有勇气挑战传统认识，证明了弱相互作用中宇称不守恒，因此于 1957 年一起获得了诺贝尔物理学奖。

上图：李政道（左）和杨振宁（右）。

珍妮·古道尔

（1934— ）

灵长类动物的社会结构

古道尔博士并非科班出身，但她对动物行为的研究满怀热情。她改变了我们对黑猩猩和所有灵长类动物（包括我们自身）的看法。她有时候不走寻常路，有时候还会引起争议，但也正因为没有受过正规训练，她在观察时能够有开放的心态，绝无成见。

跟很多孩子一样，珍妮·古道尔小时候有一条狗，一个毛绒玩具，很喜欢读书。除此之外，她还有一匹小马、一只乌龟和另外一些宠物。她的毛绒玩具是一只大猩猩，她最喜欢的书是休·洛夫廷的"怪医杜立德"系列故事，这个故事说的是有一个人能跟动物交流。她也读过埃德加·巴勒斯的"人猿泰山"系列故事，打从8岁起，她就对所谓黑暗大陆非洲充满了兴趣。

23岁那年她终于有钱去非洲了，也跟在肯尼亚工作的一位英国古人类学家路易斯·利基取得了联系。利基在人类起源研究中做了一些开创性的工作，他正在证明，早期人类是在非洲进化出来的。非洲的灵长类动物十分多样，因此对于人类的起源问题，这些动物能提供的任何线索他都很感兴趣。

利基让古道尔去坦桑尼亚的冈贝河国家公园工作，这是非洲中部坦噶尼喀湖东岸的一小块保护区，只有坐船才能到达。她在那里的野外环境中对黑猩猩观察了很多年，其中的前15只几乎一直都生活在这个保护区里。她没有受过学术训练，之前也没有实践

过，因此在观察这些对象时，她不会受到传统和成见的影响。她所看到的东西，专业的动物学家可能反而看不到。

她最著名的发现之一是黑猩猩会使用工具，而且不只是使用而已，它们还会制造、改装工具。古道尔看到，黑猩猩把草叶插进土堆中的白蚁窝再拉出来，上面爬满的白蚁就会成为它们的美食。她也看到它们会折断树枝，剥去树皮，这样用起来更有效。这个发现颠覆了只有人类才有能力制造和使用工具的传统看法。

古道尔连本科学历都没有，但在冈贝河国家公园工作期间，她还获得了博士学位。在这个领域，她因为记录严谨、行为合乎道德而广受尊敬，但她在剑桥大学的导师却并不认同她非常规的研究方法和结论。为了避免实验者和被试之间建立起任何感情联系，动物被试通常都只会给个编号，但古道尔给她的很多研究对象都起了名字，包括"白胡子大卫"，也正是这位老大最早让自己的群体接纳了她。到现在，她都仍然是唯一一个享有这项殊荣的人。

不仅如此，古道尔还确认了黑猩猩的性格特征和情感表现。急于证明自己是一项"严肃"研究的动物行为学圈子，肯定会对这么"轻浮"的观察嗤之以鼻。她在晚年回忆道："说动物有心灵是不允许的，至少在动物行为学圈子里不允许。只有人类才有心灵。"但古道尔观察到，黑猩猩之间的身体接触明显有安慰或戏耍的作用。

古道尔还纠正了一个长久以来的误解。以前人们认为黑猩猩是食草动物，但古道尔发现，它们会捕猎其他灵长类动物来吃。不仅如此，她还看到雌性灵长目动物抓到群体中其他雌性的幼崽后不仅会杀死它们，还会吃掉。她也观察到了曾经以为只有人类才有的一项行为特征：对其他族群发动战争的能力。1974 年到 1978 年，她亲眼看到一个原本统一的黑猩猩群体分裂后，两大派别之间展开了一场旷日持久的冲突，最后直到其中一个群体里的所有雄性都被杀死后冲突方才告终。

右图：古道尔在坦桑尼亚冈贝河国家公园里观察黑猩猩。

默里·盖尔曼和乔治·茨威格

（1929—2019 年　1937—）

夸克和胶子

科学家认为原子是宇宙的最小组分的日子，已经一去不复返了。原子的平均直径约为 100 皮米，但再剥离三层亚原子粒子，我们会发现夸克，这是目前为止人类知道的最小的东西之一。

从某种意义上讲，整个科学史就是不断发现构成我们这个宇宙的基本结构的越来越小的粒子，并去了解这些粒子之间的相互作用的一个过程。古时候人们认为，所有物质本质上都是土、风、火和水的某种变体，从那时候起到发现元素，从相信原子是最小的东西，到发现原子其实由原子核和电子组成等，都属于这个过程。

随后我们发现原子核本身又由质子和中子组成，接着又是质子和中子都属于亚原子粒子，而亚原子粒子可以分为玻色子、费米子和强子三大类。（还有，中子和质子属于一个叫作重子的亚群，而重子既是强子又是费米子，够复杂了吧？）

研究这些小之又小的粒子的人在 20 世纪 50 年代观察到的现象表明，还存在很多其他粒子，我们都可以称之为基本粒子：π 介子、中微子、μ 子，等等。这些基本粒子之间的相互作用力有四种：电磁相互作用力、万有引力、弱相互作用力（与放射性衰变有关）和强相互作用力（大部分常见物质都是因为这种相互作用才结合在一起的，质量也是因为这种作用而来）。

加州理工学院的美国物理学家默里·盖尔曼在了解这些粒子的行为表现并进行分类的工作中起到了核心作用。他研究了叫作 K 介子和超子的宇宙射线，并借此提出了奇异性的概念，这是在电磁相互作用或强相互作用下粒子的一种性质。盖尔曼观察到，这种性质让这些粒子的放射性衰变放慢了。他最开始注意到这种行为很"奇异"，后来这个叫法也就这么流传开来。

乔治·茨威格出生在苏联莫斯科，后来移民到美国。20 世纪 60 年代初他在加州理工学院学粒子物理学，不过他的导师不是盖尔曼，而是费曼。茨威格和盖尔曼分别得出了同一个结论，就是如果认为强子由 3 个更小的粒子组成，其性质就能得到解释。茨威格用扑克牌里的 A 来称呼这种新粒子，盖尔曼则称之为夸克，这是詹姆斯·乔伊斯在小说《芬尼根的守灵夜》中自创的一个词。结果就是盖尔曼起的这个古怪的名字流传开来。

夸克、反夸克和胶子（将两个夸克结合起来的无质量粒子）解释了强子的性质，这也逐渐为科学界所接受。强子结构的夸克模型，现在已经成为粒子物理学的基础。1969

年，盖尔曼因为对粒子分类和相互作用的总体贡献而获得了诺贝尔奖，但费曼于 1977 年因发现夸克提名茨威格和盖尔曼竞逐诺贝尔奖，却没有成功。

右图：盖尔曼。
下图：1964 年首次观测到 Ω⁻ 粒子的记录（右侧有解释性图示）。一个 K⁻ 介子从左下角进入，与室中氢原子的质子相撞生成 3 个粒子，其中就有 Ω⁻ 粒子，由 3 个奇夸克组成。Ω⁻ 粒子往上走了一小段距离，随后衰变为一个 π⁻ 介子和一个 Ξ⁰ 粒子，前者在图中下方向右斜出，后者在图中没有留下踪迹。

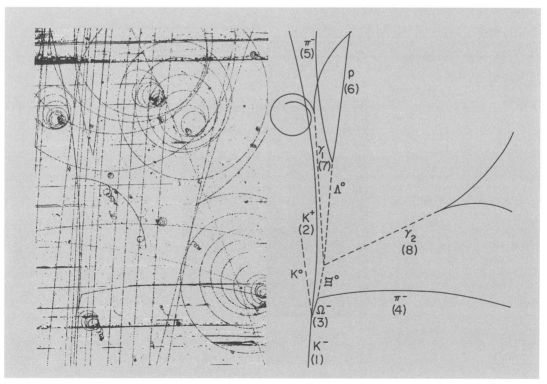

彼得·希格斯

（1929—）

希格斯玻色子

你不需要知道玻色子是什么。就量子物理来说，就算是最有热情的业余科学家，把这个领域的问题留给专业人士也情有可原。但是，你还是可以对最后让希格斯玻色子得以发现的绝妙见解叹为观止。

玻色子是一种亚原子粒子，跟费米子和强子是同样的级别。这种粒子是以印度物理学家萨特延德拉·纳特·玻色的名字命名的。玻色跟爱因斯坦一起提出了玻色 [-爱因斯坦] 统计法，玻色子的特征就是由这种统计法定义的。玻色子的存在，要归因于量子理论。

彼得·希格斯出生于英国泰恩河畔的城市纽卡斯尔。他的父亲是个音响工程师，希格斯早年有段时间就在家里接受父亲的教育。第二次世界大战期间，少年希格斯就读于英国西南地区布里斯托尔的一所学校，该校校友保罗·狄拉克是 20 世纪 20 年代量子力学初创时的奠基人之一。

希格斯早期感兴趣的是分子振动，这也是他 1954 年的博士论文的主题。他的博士头衔为他赢得了英国爱丁堡大学高级研究员的职位，一年后，他的兴趣转到了量子物理中更小的粒子上面。他在伦敦

上图：1964 年，希格斯跟另一些科学家一起提出了希格斯机制，用来解释有些粒子为什么会有质量。

任教一段时间后，又回到爱丁堡大学当讲师，此后再也没有离开那里。

他对质量的本质产生了兴趣。既然大爆炸之前什么都没有，那么粒子得到质量只能是在大爆炸之后。希格斯想出一种现在叫作希格斯机制的过程，即粒子可以通过这个机制得到质量。量子物理中有大量的场，我们这个宇宙说到底就是由量子激发产生的粒子构成的，而希格斯所提出的不仅是一种新的场，也是由这种场激发产生的一种新粒子，用科学术语来说就是"有质量（赋予质量）"的玻色子。

另一些科学家就希格斯机制这个理论而不是希格斯提出的玻色子逐渐达成了共识，并开始将其纳入随后出现的理论中。理论上存在的希格斯场解释了研究结果，甚至预言了另一些尚未发现的粒子。这些粒子中的 W 玻色子和 Z 玻色子被发现后，寻找神龙见首不见尾的希格斯玻色子的工作也紧锣

密鼓地展开了。

　　宇宙大爆炸之后的几分之一秒内，希格斯玻色子让其他粒子有了质量。因为这个作用，在一部出版的讲述追寻希格斯玻色子过程的科普著作里，该书作者给这种粒子贴上了"上帝粒子"的标签。希格斯本人对这个叫法并不认可，但该书作者在1993年指出，"这种玻色子对今天的物理学来说，对我们最终理解物质结构来说，都太重要了，然而又太让人捉摸不透"，因此，这种粒子对宇宙诞生的重要性再怎么强调都不为过。

　　关于希格斯机制和希格斯场的研究活跃了好几十年，直到2012年，科学家终于在位于法国和瑞士边境欧洲核子研究中心的地下175米深处的粒子加速器大型强子对撞机中确认了希格斯玻色子。希格斯玻色子的存在，证实了希格斯场是存在的，也证明了希格斯机制是正确的。确认这个发现的时候，希格斯也在现场。2013年，他因此获得了诺贝尔物理学奖。

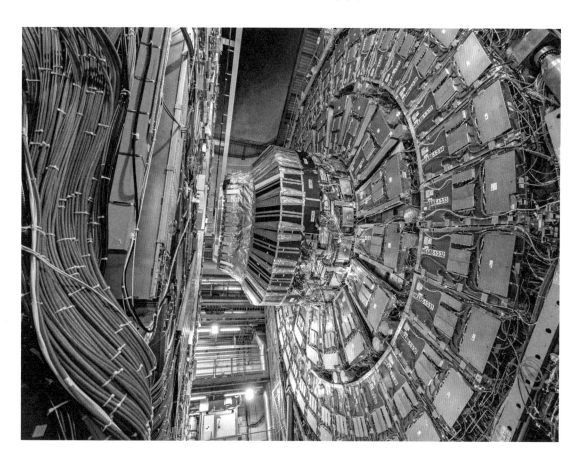

上图：位于法国和瑞士交界处的欧洲核子研究中心的大型强子对撞机中的巨型（1.4万吨）"紧凑型缪子线圈"探测设备。2012年，希格斯玻色子就是在这里被探测到的。

乔丝琳·贝尔·伯内尔

（1943—）

中子星

乔丝琳·贝尔·伯内尔是最早观测到脉冲星的人。因为她的性别和学生身份，她的天文学成就一直被忽略，但最后她还是获得了科学界奖金最高的奖项。

乔丝琳·贝尔·伯内尔出生于英国北爱尔兰的勒根，这里是一个严守传统价值观的小镇。学校里的男生和女生的有些课程是分开上的，因为学校不允许教女生科学。好在她的父亲是建筑师，小镇附近的阿尔玛格天文馆就是他设计的，而去天文馆让她很早就对天体物理学产生了兴趣。她的父亲为此向勒根学院愤怒抗议，终于让学校改变了对她和另外几个志存高远的女孩子不能学习科学的政策。

后来，贝尔去了格拉斯哥大学继续学习物理，之后在剑桥大学攻读研究生期间，她帮助学校建造了行星际闪烁阵列（IPSA），这是一台射电望远镜，是为了研究当时发现的类星体现象而建造的。1967年，贝尔注意到行星际闪烁阵列打印出来的纸张上有异常，就是出现了一连串强烈而规则的脉冲。她的导师安东尼·休伊什没有理会这点异常，觉得这只是人为的错误而已，但贝尔没有放弃这点异常，并发现了之前打印出来的记录中也有同样的异常。

她发现了脉冲星的证据，也就是一种绕旋转轴飞速旋转的中子星。休伊什和同事马丁·赖尔最后还是被贝尔说服了，就这个发现3人合写了一篇科学论文。这种极有规律的脉冲对于想要了解天空、绘制星空图的天文学家来说用处很大，而且超高能宇宙射线也很可能是脉冲星引起的。

在随后宣传这一发现时，贝尔因为直接面对了赤裸裸的性别歧视而十分不快。大家问休伊什的是一些科学问题，而问贝尔的都是有没有男朋友之类的。还有更不公平的。

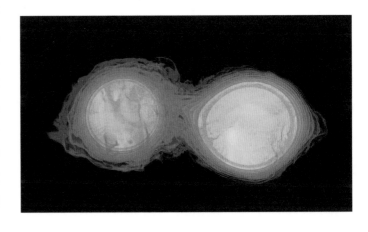

上图：一对中子星，正在碰撞、合并、形成黑洞。中子星是恒星经过超新星爆炸之后留下的致密核心。

休伊什和赖尔因为这个发现获得了 1974 年的诺贝尔物理学奖，这是天体物理学领域的工作首次获得该奖，然而在授奖词中贝尔完全被忽略了。

贝尔也公开表示过自己被忽略情有可原：作为博士生，论文中把导师的名字放在她前面是标准操作。但她也指出，休伊什一开始对这个发现十分怀疑，而且休伊什和赖尔开会的时候还会撇开她。她后来的学术生涯因为跟马丁·伯内尔成婚和当了妈妈而中断了，但她在脉冲星的发现中的真正贡献，还是得到了科学界的广泛认可。

虽然没能获得诺贝尔奖，她还是得到了很多其他荣誉。2018 年，她获得了基础物理学突破奖，奖金是 300 万美元，这是全世界奖金最多的科学奖。她用整笔钱设立了贝尔·伯内尔研究生奖学金，用来奖掖更多的妇女、难民和少数族裔进入物理学研究。

上图：贝尔，摄于 1975 年，在她未能获得诺贝尔奖提名的风波过去之后。

约翰·奥基夫

（1939—）

大脑中的位置细胞

在科学家探索我们宇宙最遥远的角落时，大脑的运作机制却仍然是我们这颗星球上探索得最少的区域之一，就像海洋一样。神经科学正在慢慢发现，大脑是如何感知和阐释我们身边的环境的。

大脑就像是一块新大陆，而神经科学家正在忙着绘制地图，识别一个个区域、功能和资源，以及区域之间的路径。他们已经发现什么区域跟语言有关（穹隆），什么区域跟我们说的话有关（布罗卡区），又是什么区域跟我们听到的话有关（韦尼克区）。他们也知道，感知疼痛和温度并非只源于触觉，而是通过各种不同的途径来共同处理的。不同的感觉记忆有不同的区域来管理——声音在听皮质，图像在视皮质等，而这些记忆拼合在一起，就组成了难忘时刻的完整画面。

爱尔兰裔纽约人约翰·奥基夫在加拿大蒙特利尔的麦吉尔大学凭借对杏仁核接受感官信息的方式的研究拿到了博士学位。杏仁核是大脑里面最中心的一个区域，会在感受到压力时做出是战斗还是逃跑的决定。随后奥基夫去了英国伦敦大学学院继续搞研究，以后也一直待在那里。

在伦敦，他的注意力转向了海马体，这是位于脊椎顶端的大脑中的一个区域，也跟杏仁核靠得很近。我们会长期记住哪些经历就由海马体决定，情绪反应也由海马体协调。奥基夫观察到老鼠海马体中单个神经元（大脑中的神经细胞）的反应，并把这些反应跟不同行为关联了起来。

他发现了大脑中似乎跟位置有关的细胞。老鼠身处房间里某个地方时，大脑中某些细胞是活跃的，而如果这只老鼠跑到了另一个地方，又会有不同区域的细胞被激活。老鼠的大脑是在神经元中绘制这个房间的地图。同样地，海马体中的这些细胞如果损伤了，老鼠知道自己身在何处的能力就会受到影响。

1971年，奥基夫和他的学生乔纳森·多斯特罗夫斯基公布了这个发现。他们说，海马体细胞受损引发的行为变化，可以用这个区域的绘图功能来解释。1978年，他们进一步扩展了这个理论，确认了大脑的空间意识完全只跟海马体有关。另外一些神经科学家对这个想法表示反对，尽管美国心理学家爱德华·托尔曼早在1948年就曾在研究老鼠时首次提出了知识的认知地图（而并非只是地点）这一概念。

1996年，两位挪威神经科学家，爱德华·莫泽和迈-布里特·莫泽夫妇在奥基夫的实验室里待了两个月之后，对大脑中存在位置细胞的可能性也十分认同。这对夫妇也一直在研究跟海马体有关的空间意识，回到挪威后，他们继续跟奥基夫远程合作。他们发现海马体附近的细胞负责产生位置的感觉，这有点像一张网格地图，上面标示着自己的位置和一些重要地点。莫泽夫妇还研究了老鼠的海马体与社会学习的关系，并借此探索了更加社会化的背景下海马体对位置和关系的绘图。

2014年，莫泽夫妇与奥基夫共同获得了诺贝尔生理学或医学奖。大脑中位置细胞的发现对我们感知世界有重要意义，也为我们深入了解那些因疾病或海马体受损而无法知道自己身在何处的人（比如阿尔茨海默病患者）的情况提供了至关重要的见解。

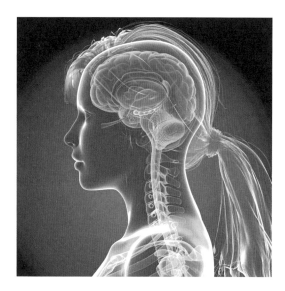

上图：大脑中海马体的位置（红色标记）。
下图：奥基夫在伦敦大学学院的实验室里。

路易斯·韦伯斯特和保罗·默丁

（1941—1990 年　1942—）

黑洞

理论上，太空中存在黑洞的可能性早在 18 世纪就有人提出了。但一直到将近 50 年前，才有路易斯·韦伯斯特和保罗·默丁这两位天文学家小心翼翼地宣称，发现了这样一个天体。

约翰·米歇尔是英国的牧师，也是一名科学家。1783 年，他最早提出了黑洞的概念，不过他称之为"暗星"。黑洞这个名字直到 1967 年才出现，来自"加尔各答黑洞"，指的是一个从来没有人能活着出来的监狱。

今天几乎没有人还记得米歇尔其人，但他是一位很有开拓精神的科学家，曾研究过磁学，还想出了制作人造磁铁的方法。他指出是地震产生了地震波，地表能看到的地质断层也是地震造成的。现在我们知道，这两点都是对的。他也是最早提出海啸是由海底地震引起的人之一。

在天文学领域，米歇尔是最早研究双星（锁定在相互环绕的轨道上的成对恒星）的人。在 1783 年的一篇文章中，他提出存在一种恒星，因为引力太大，就连光都逃不出去，这就是"暗星"。米歇尔认为，这样的恒星要比我们的太阳大 500 倍才能有那么强大的引力，但爱因斯坦的广义相对论已经否定了这一点。现在我们认为这种天体的致密程度超乎想象，是质量极大的恒星坍缩成密度极高的状态，其他任何物体都逃不脱这种天体的引力。

米歇尔的"暗星"现在更正式的名称成了"引力坍缩天体"，科学家也在逐渐提出并完善各种与他们对这个现象的了解相符的理论。中子星是坍缩的超巨星，乔斯林·贝尔·伯内尔在 1967 年观测到脉冲星（也是一种中子星）之后，人们对黑洞的兴趣大增。

黑洞不发光，因此按照定义，用肉眼肯定是看不见的。1971 年的时候，英国人保罗·默丁和澳大利亚人路易斯·韦伯斯特在英国皇家格林尼治天文台工作，研究天鹅座一个极为强大但不可见的 X 射线源。这个射线源最早是在 1964 年的一次太空任务中观测到的，并且已经证明是一对双星。双星中的一颗不可见，因此他们在关于这一研究的一篇论文中推测，这可能是一个黑洞。

这是人类发现的第一个黑洞。1973 年，天文学界确认了这一发现，尽管名动天下的斯蒂芬·霍金还在 1974 年跟同事打赌说，事实会证明那不是黑洞。1990 年，他终于承认赌输了。

黑洞是恒星生命周期的重要阶段。黑洞的存在证明了宇宙在不断演化，黑洞也对周围的物质产生了巨大影响。黑洞吞噬得越多，

就会变得越强大。据推测，很多星系的中心都有巨大的黑洞，质量相当于数百万颗恒星。M87 星系中心就有这样一个巨大的黑洞，也是人类拍摄到的第一个黑洞。2019 年，这个黑洞因吸入物质时在自己周围产生的摩擦热环而得到了证实。

上图：艺术家想象中的天鹅座 X1 双星系统。天鹅座 X1 包含了一个恒星质量的黑洞，该黑洞由大质量恒星坍缩而成，引力极大。

拉塞尔·赫尔斯和约瑟夫·泰勒

（1950—　1941—）

引力波

根据爱因斯坦的广义相对论，引力波是有可能存在的，然而爱因斯坦觉得引力波特别微弱，不可能观测得到。但现在我们确实发现了引力波，先是通过间接推断，后来是直接观测到。它真的非常非常微弱。

时空的扰动，例如大型物体的运动——恒星碰撞或红超巨星坍缩，会向宇宙发出以光速向外扩散的涟漪，这就是引力波。引力波抵达地球时非常微弱，就像来自遥远恒星的光，而引力波也是类似电磁波的一种辐射能。

关于引力波是否存在争议极大。就连爱因斯坦都持怀疑态度，还写了篇文章说不可能存在，不过后来他又纠正了这个说法。科学家自问，引力波是不是像海浪一样携带着能量，而费曼提出了一个思想实验，叫作费曼引力波探测器，就是一根杆子，上面有两粒珠子，可以在杆子上自由滑动，但是会有一点点摩擦。引力波到来时会把这两粒珠子分得更远一点，并因为引力波的能量和引力波移动珠子所做的功而产生一点热量。从理论上讲，可以通过探测热量来探测到引力波。

科学界后来发明了更灵敏、更精确的仪器。1969 年，美国物理学家约瑟夫·韦伯设计出了第一台真正的引力波探测器，但是他报告的检测到引力波的频率让人对探测器是否真的有效心生疑窦。

但到了 1974 年，在美国波多黎各的阿雷西博天文台，约瑟夫·泰勒和他的学生拉塞尔·赫尔斯在研究脉冲星（旋转的磁化中子星，发出的电磁辐射会因为自转而显示出脉冲）时发现，有颗脉冲星的脉冲很规律但会出现周期性的轻微卡顿，有时候略早一点，有时候略晚一点。

这个迹象表明他们观测到的是脉冲双星，也就是有两颗星在互相环绕的锁定轨道上旋转，这也是人类最早发现的脉冲双星。他们随后进行的分析带来了更大的发现：双星的轨道在衰减，跟因为释放引力波而带来的能量损失是一致的。尽管并非直接证明，但赫尔斯-泰勒双星是引力波存在的最早证据。

为了加强对引力波的搜索，20 世纪末，大型项目激光干涉引力波天文台（LIGO）建成。这里于 2015 年首次探测到了引力波，其来自两个巨大黑洞的碰撞合并，这两个黑洞的质量加起来是太阳的 65 倍。天文台探测到的移动量非常小，等于是 4000 米长的杆子偏离了一个质子宽度的千分之一那么多。也可以换个说法，就是相当于把地球和太阳系以外最近的恒星之间的距离拉长了一根头发的宽度。

上图：阿雷西博天文台的射电望远镜，摄于损毁之前。这台望远镜尽管经受住了地震和飓风的袭击，但2020年8月因一根支撑钢缆断裂且无法维修，最后重达900吨的仪器平台坠落并砸毁了望远镜。

下图：诺贝尔奖获得者、物理学家费曼对寻找引力波很感兴趣。

这次双黑洞的碰撞也是有记录以来的第一次。黑洞要在巨星生命周期的最后才会形成，因此黑洞的存在对判定宇宙年龄有直接影响。现在我们发现了引力波，而引力波在太空探索中可谓功不可没。无论发出引力波的是双星、黑洞还是其他重大事件，甚至可能就是大爆炸，引力波都是波源存在的证据。

伯努瓦·曼德尔布罗特

（1924—2010 年）

曼德尔布罗特集合

曼德尔布罗特问："几何学能像这个词的希腊语词根所表明的那样，不仅能真实地测量尼罗河沿岸的耕地，也能真实地测量原始的地球吗？"他认为，几何学不只是为地球上简单的人造形状而生，也要能用于更广阔的自然。

伯努瓦·曼德尔布罗特说："云不是球形，山不是锥形，海岸线不是圆形，树皮不光滑，闪电也不是直线行进的。"跟历代大部分科学家一样，曼德尔布罗特也致力于在表面的混乱中寻找有序，在看似随机的行为中寻找规律。站在海边的岩石上，他看到海岸线和脚下的岩石有一样的锯齿状轮廓。他想找到一种方法，用数学和几何把这类情形表述出来。他说："科学的目标是从混乱出发，用一个简单的公式来解释混乱。这也可以说是科学之梦。"

曼德尔布罗特经常被视为怪人，他说自己非传统的观点来自他毫无规律的数学教育。小时候他在祖国波兰接受一位叔叔的教育，他从来没有教过曼德尔布罗特毫无想象力的规则和表格。叔叔会用地图和国际象棋等实例向他

上图：宝塔花菜美丽的小花，看着就像是用曼德尔布罗特集合设计出来的一样。

展示数的魔力，在那些看似独一无二的序列和环境中，数学总能带来秩序。

二战结束后，曼德尔布罗特继续在巴黎学习，随后在美国加州理工学院和普林斯顿高等研究院各待了一段时间，最后定居于美国，在位于纽约州约克镇的国际商业机器公司（IBM）的实验室工作。

IBM 给了他探索那些疯狂想法的自由，他在那里一待就是 58 年。在此期间，他不但把自己坚定的信念用于探索自然，也用于探索人类活动，并在气象学、解剖学、语言学、信息技术、社会科学乃至高级金融等领域都做出了贡献。他的著作《市场的（错误）行为》被誉为"有史以来最深刻、最真实的金融学出版物"。

20 世纪 70 年代，曼德尔布罗特通过加斯顿·朱利亚的世界重新

回到了几何学的探索。他叔叔曾向他介绍过朱利亚 1918 年的关于纯粹数学和应用数学的著作，但那时候的他对这部著作不屑一顾。现在他看到了这部著作的价值，因为里面提供了一组方程，就是朱利亚集合，可以用来处理有理函数的重复。借助在 IBM 实验室工作之便，曼德尔布罗特开发了新的绘图程序，用朱利亚集合展现了美轮美奂、不断变化的几何形状。

1975 年，曼德尔布罗特创造了"分形"一词来描述这种几何形状，并在 1979 年构建了自己的方程，就是曼德尔布罗特集合。跟朱利亚集合一样，曼德尔布罗特集合也会生成复杂的、看起来参差不齐的几何形状，这些形状无论是细部还是整体，在任何尺度上都会表现出相同的错综复杂的序列。宝塔花菜和蕨类植物的叶子就是自然界中两个展现出这种特性的例子。

曼德尔布罗特于 1982 年出版的《大自然的分形几何学》一书，让分形进入了主流数学的研究范畴。他那源于地图和棋盘的独特的几何视角，改变了我们看待貌似混乱的自然界和人类行为的方式。

上图：计算机用曼德尔布罗特集合生成的图形。

波莉·马特曾格

(1947—)

免疫系统的危险模型

身体能保护自身不受疼痛、伤害和损毁的威胁。皮肤起到了第一道防线的作用，而在皮肤里面还有一支由多种细胞组成的大军，负责侦测、发出警报并反击。这就是免疫系统。

古希腊人注意到，如果从某种瘟疫中幸存下来，就不会再感染它第二次了。19世纪末人们终于发现，细菌无论是通过空气、水还是接触传播，都会让人生病。巴斯德通过疫苗接种发现了免疫力，科学家也开始研究免疫系统的更多信息。

最开始人们认为，身体会自动排斥任何不属于自身的东西，这就叫自己异己模型。1989年，美国免疫学家查尔斯·詹韦就这个模型提出了一种更巧妙的版本，叫作传染性异己模型，宣称进化给我们留下了能够区分传染性和非传染性威胁的细胞。相对于自己异己模型这是一种进步，但仍然不能解释皮肤移植的排斥反应和非细胞病变病毒（不会损伤细胞的病毒）引起的感染等现象。最后，提出一种更成功的、适用于所有可能性的模型的任务，落在了法国免疫学家波莉·马特曾格的身上。

马特曾格在7岁时和父母一起搬到了美国。她在学校很受孤立，还曾被同班同学投票选为"最不可能成功的人"。她花了11年时间才在加州大学念完生物学的学士学位。但尽管本科学习花了这么长时间，之后她却只花了3年就拿到了博士学位。

马特曾格还在读研究生的时候，就在著名的《实验医学杂志》上发表了第一篇论文。由于缺乏自信，她想通过给文章加上一位合著者来给别人留下印象，而她加进去的是她的狗加拉德里埃尔·米尔克伍德。不出所料，文章发表时的署名是马特曾格·P.和米尔克伍德·G.，但结果这个花招被识破了，《实验医学杂志》再也不许她发表任何文章，直到被冒犯的主编去世。

在英国剑桥大学读完博士后之后，马特曾格在美国国家过敏症和传染病研究所细胞和分子免疫学实验室的T细胞耐受和记忆部门找到了一份工作。刚工作时，她的工作场所成了人们口中的"幽灵实验室"，因为她在研究能否把混沌理论应用到免疫系统的运作机制上面时，这期间让实验室空置了9个月。到现在，她和同事在简历上还是会把这个地方叫作"幽灵实验室"。

1994年，马特曾格得出结论：对免疫系统来说并不是应对自己异己的问题，而是对受损细胞发出的求救信号做出应答的问题。也就是说，免疫系统应答的并不是攻击，而

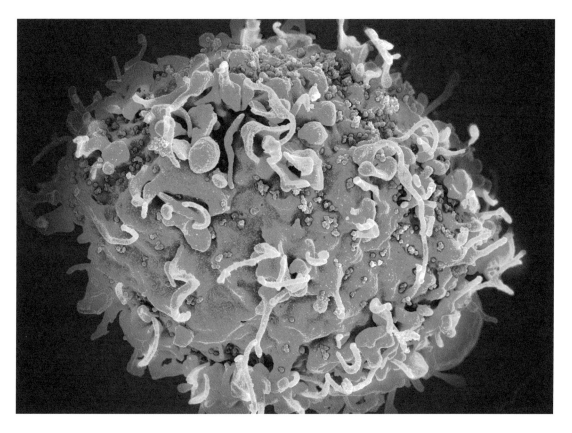

是攻击造成的损害。T 细胞收到求救信号，就会召集抗体和巨噬细胞来应对损害和攻击者。危险模型宣称，对于身体出现肿瘤的情形，给细胞造成的损害还包括破坏这些细胞发出会引发免疫应答的求救信号的能力。

马特曾格提出危险模型后的这几十年里，这个模型一直在不断完善。在一些致命的新病毒只需要几天时间就能席卷全球的时代，免疫学成了人类健康研究中最重要的领域。马特曾格现在是美国国立卫生研究院的科室主管，也被评为当今科学领域 50 位最重要的女性之一。

上图：艾滋病（HIV）病毒（黄色）攻击下的人类 T 细胞（绿色）。T 细胞在人体的免疫应答中起着关键作用，艾滋病病毒可引发艾滋病，且专门针对 T 细胞搞破坏。
下图：马特曾格和她的狗安妮。安妮对医学当然没有任何贡献，但是叼得一嘴好飞盘。

亚当·里斯

（1969— ）

暗能量

在 20 世纪的最后 10 年里人们普遍认为，宇宙诞生于一个独一无二的起源事件——大爆炸，而现在宇宙仍然在因为那次无法想象的大爆炸所产生的巨大能量而继续膨胀：仍然在膨胀，但随着能量在不断膨胀的宇宙中消散，膨胀速度也在变慢。然而，里斯得出的结论有所不同。

在过去一百年左右的时间里，随着我们探测到的物质粒子越来越小，也随着构成我们这个宇宙的基本过程——量子力学发展起来，我们对宇宙的认识发生了巨大变化。1884 年，开尔文勋爵率先指出，根据我们能看到的太空物体的行为来推断，太空中一定还有好多好多我们看不到的东西。不只是我们看不见的行星和恒星，那些是我们用传统方法总能观测出来的。现在人们认为，暗物质是由尚未发现的新粒子组成的。寻找暗物质的努力，是 21 世纪天体物理学的重要目标之一。

从观测和测量中我们知道，宇宙中的一切都在互相远离。最常用的比方是一块葡萄干面包，当这块面包发酵的时候，从任何一粒葡萄干的角度来看，都会觉得在不断膨胀的面团中，其他所有葡萄干都在远离自己。用这个比方来说，大爆炸的能量就是酵母，而等到酵母最后停止发酵，膨胀就会变慢乃至停下来了。

天体物理学家知道，宇宙仍然在向外移动，因为在地球上能看到，最遥远的天体发来的光的频率和颜色有变化。20 世纪 90 年代中期，一些天文学家团队观测了一些非常遥远的超新星，他们其中有一位就是美国加州大学伯克利分校的亚当·里斯。通过测量光的频率有什么变化以及变化的速度，他们无比惊讶地发现，宇宙最边缘的数十亿年前的超新星根本没有减速，反而是在加速，这个结果不但违背了能量守恒定律，也推翻了数十年来的假设。

加速肯定是由某种形式的能量驱动的。不可能是大爆炸的能量，因为这个能量肯定会随着宇宙膨胀消散得越来越稀薄。里斯等人，包括布莱恩·施密特（在澳大利亚斯特罗姆洛天文台和里斯合作研究）和索尔·珀尔马特（在伯克利分校从事另一个超新星项目的研究），不得不得出这样一个结论：肯定存在另外一种看不见但非常强大的能量来源。

珀尔马特和里斯-施密特的项目都在 1998 年发布了自己的发现，两边都证据确凿，令人信服。迈克尔-特纳是美国芝加哥大学的宇宙学家，也是研究宇宙大爆炸最初时刻的专家，他给这种神秘的新能量起了个名字，叫作暗能量。

暗能量的存在似乎没有任何疑问，但关于其性质的疑题却多如牛毛。暗能量是否只是空间的一种属性，所以在空间随着大爆炸剩下的能量膨胀时，就会自动产生更多暗能量？万有引力应该在太空中所有物体之间都存在并把所有物体都拉拢成一团，是牛顿完全错了吗？暗能量是否又只是一种尚未发现的粒子，在形成和消失时会伴随一阵能量的喷发？这些问题现在全都没有答案，与此同时天体物理学家还在寻找证据，想积累足够多的数据，以便从中得出结论。

上图：宇宙膨胀的图示。宇宙诞生于约 137 亿年前一次叫作"大爆炸"的事件（左），之后就马上开始膨胀并降温（第一阶段）。最后宇宙对辐射来说变透明了，最早的物质也开始能结成团块。宇宙膨胀在大约 100 亿年前放慢了（第二阶段）。在第三阶段，也就是大约 50 亿年前，宇宙中充满了恒星和星系，也因为处处都是神秘的暗能量，膨胀又一次开始加速。

安德烈·海姆和康斯坦丁·诺沃肖洛夫

（1958— 1974—）

石墨烯

一种叫作石墨烯的新材料的特性让科学家激动不已，他们甚至开始说，世界进入了石墨烯时代。石墨烯于 2004 年正式被发现，但在此之前，它只是好多个世纪中的偶然制备和数十年的理论推测。

石墨烯非常轻，而且是极其高效的热和电的良导体。其强度约是钢的 100 倍，几乎透明，但是会吸收所有可见光。

我们可能全都制备过石墨烯。这是一种纯碳的片状材料，只有一个原子那么厚。常见的铅笔芯是用石墨做成的，而石墨由很多很多层石墨烯组成。

科学家最早开始认真研究石墨的结构是在 20 世纪初。1947 年，科学家开始认为，石墨中石墨烯的层状结构是影响石墨电导率的因素之一。德国物理学家汉斯-彼得·伯姆在 1962 年创造了"石墨烯"这个词来描述一个原子那么厚的一层石墨，不过他从来没有成功分离出这么一层来。

70 年代开始，人们想方设法制备石墨烯，方法包括在其他材料上长出来，从石墨上面刮下来，或者就只是在一个表面上拖动石墨，比如拿铅笔画几道那样。有些办法能得到非常薄的石墨薄片，但都没有达到一个原子那么薄的程度。一直到 2004 年，英国北部曼彻斯特大学的物理学教授和他的一名学生才终于分离出了石墨烯，还研究并正确描述了石墨烯的一些特性。

安德烈·海姆教授和他的博士生康斯坦丁·诺沃肖洛夫有个习惯，就是每周五晚上都要放松一下，安排一些跟平时的研究领域无关的简短的试验任务，海姆称之为"在实验室里瞎胡闹"。有个周五他们决定玩一玩石墨烯，结果想出了一种简单得简直叫人尴尬的分离石墨烯的方法，而这个方法也是他们的首创。

这个方法跟去除羊毛衫上的绒毛的做法是一样的，在科学领域叫作微机械剥离法。他们把透明胶带压在粗糙的石墨上再撕掉，胶带上就会留下一层石墨烯——就这么简单。他们用过的石墨和胶带如今保存在瑞典斯德哥尔摩的诺贝尔博物馆。

他们把石墨烯从胶带上转移到一层二氧化硅上，在研究石墨烯的性质时二氧化硅可以用来做电极。他们刚开始得到的实际上有好几个原子那么厚，但不到半小时，海姆和诺沃肖洛夫就用石墨烯做成了一个简陋的晶体管。他们成功地连续剥离出石墨烯之后，发现单层的石墨烯非常独特，跟石墨的性质完全不同。海姆回忆道："我们非常幸运，我们有个装置上有一层石墨烯，另一个上面有两层，而这两个装置的表现完全不一样。"

他们的科学发现发表出来之后，引发了热火朝天的新的科学研究，大家都在关注这种新材料的潜在应用。石墨烯的性质影响到的领域包括光学、量子力学、化学和电磁学等，极为广泛。其特性使之成为制造触摸屏和太阳能电池的理想材料，并且有望取代固态电子器件中的硅。

人们说海姆和诺沃肖洛夫是因为"偶然"才获得了诺贝尔奖的。但是也正像海姆说的那样："偶然从来都不是偶然发生的。实际上你得创造能让这种偶然发生的环境，这就是优秀科学家和末流科学家之间的区别。"所以，优秀科学家会营造环境，让这种偶然尽可能多地发生。

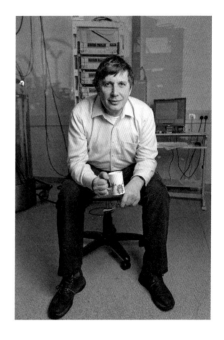

上图：刚开始这里只是海姆周五晚上的余兴发挥地，现在这儿成了曼彻斯特大学国家石墨烯研究院。

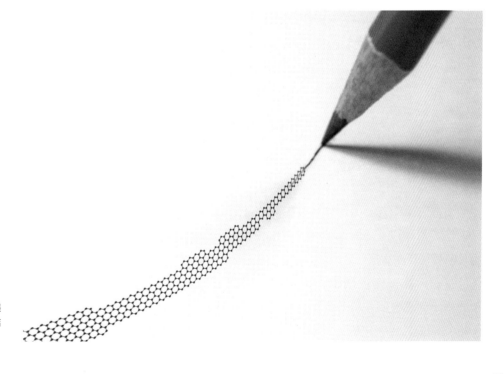

右图：用石墨绘制石墨烯结构的概念图。

厄兹勒姆·图雷西和乌尔·萨欣

(1967— 1965—)

新型冠状病毒 mRNA 疫苗

新冠肺炎对全世界的威胁越来越明显时，我们发现研发有效疫苗的竞赛也开始了。研发新冠肺炎疫苗不仅人命关天，而且研发疫苗也涉及所需要的巨额投资，以及成功后可能带来的利润。

有些科学发现属于偶然，有些是事先相信必定存在，然后苦心寻找的结果。新冠肺炎的大肆传播使人心惶惶，也让全球科学界的集体智慧都聚焦到这件事上，这也堪称前所未有。

冠状病毒得名于病毒表面一排排的蛋白质凸起，这些凸起的作用是确定攻击体内的哪些细胞。如果冠状病毒攻击了肺部，就可能会引发更严重的问题，对此我们在 2019 年以来已经认识得再清楚不过了。

当时，中国在刚刚公布新型冠状病毒的基因序列后，就有多家制药公司接受了挑战，开始研制可能起效的疫苗。这些公司采用了多种方法。强生公司的研究以一种罕见的冠状病毒变种为基础，这种变种会引发普通的感冒。诺瓦瓦克斯医药在实验室里重新制造出了新型冠状病毒的蛋白质。阿斯利康改造了一种通常只会感染黑猩猩的冠状病毒，这种病毒对人类无害，但带有击败新冠病毒所需的遗传密码。中国的疫苗研发，则主要采用灭活疫苗和腺病毒载体疫苗两种技术路线。

有些研究工作尝试了一种新的疫苗研制方法，用的是 mRNA（信使核糖核酸，是 DNA 指导蛋白质合成的关键物质）技术。人体会利用 mRNA 传递蛋白质序列信息。研究人员希望通过制造出新型冠状病毒的 mRNA 来刺激身体产生自己的病毒蛋白质副本，从而对这种病毒产生免疫应答。

德国生物新技术公司和美国的莫德纳公司之前就已经在研究这项技术，也就率先开展了 mRNA 疫苗的研发计划。2020 年 4 月，德国生物新技术公司给出了 4 种可能有效的疫苗作为备选，并与美国的辉瑞公司合作进行生产和测试。

2020 年 7 月，辉瑞公司在德国生物新技术公司的 4 种疫苗中选定了最有希望的一种，并开始进一步临床试验。在这个阶段进行的临床试验，参与者一般不会超过 300 人，但截至 2020 年 11 月，已有约 4 万名志愿者接受了这种药物的临床试验，情况的危急程度可见一斑。

初步结果表明，辉瑞公司的疫苗有效率为 95%，而且严重副作用极其罕见。这时候根本没有时间研究这种疫苗有无任何长期的影响。2020 年 11 月，英国在因新冠肺炎导致的死亡人数达到 5 万人的节点之后，成为第一个批准该疫苗紧急使用的国家。美国和欧盟紧随其后，而莫德纳公司的 mRNA 疫苗则于 2021 年 1 月获批。中国国药集团的中国生物新冠灭活疫苗则于 2020 年 12 月获批上

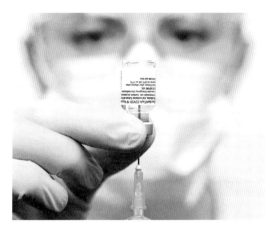

上图：辉瑞公司的新冠疫苗需要专业级别的-60℃到-80℃的超低温储存，但后来在使用中证明，温度要求降低到-15℃到-25℃也可以。

市。据已有数据显示，其保护率为 79%。

成功研制出的这两种 mRNA 疫苗，给全世界带来了缓解疫情的希望，这项技术也可能会成为对抗其他很多疾病的新方法。德国生物新技术公司的工作已经完成，得到的回报也相当丰厚：截至 2021 年 2 月的 12 个月内，这家公司的股票上涨了 156%，其创始人乌尔·萨欣和厄兹勒姆·图雷西夫妇也有了数十亿美元的身家。负责生产和分销疫苗的辉瑞公司，预计也将获得数百亿美元的收入。英国和瑞典合资的公司阿斯利康则采取了另外一条技术路线，生产的牛津-阿斯利康疫苗成本很低。目前，包括中国在内的这些技术路线都帮助了世界，让世界变得更加安全。

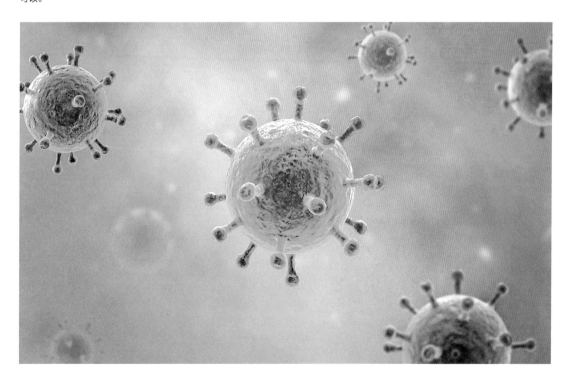

上图：2019 年以来人人都很熟悉的一张图片，电脑绘制的新型冠状病毒。

左图：火星是未来行星际空间探测发现的关键。美国国家航空航天局宣称自己的使命是："探索火星，通过高带宽的火星-地球通信网络实现互联，通过精心挑选的轨道飞行器、着陆器和移动实验室带来源源不断的科学信息和发现。"

上图：位于中国贵州平塘县的"中国天眼"。这个 500 米口径球面射电望远镜取代了美国波多黎各 300 米的阿雷西博望远镜（曾提供了最早且可靠的引力波数据），成为世界上最大的填充口径射电望远镜。

索引

上图：丹麦天文学家（那个时代也称他们为占星家）布拉赫仅凭肉眼就取得了精确度令人叹为观止的天文观测结果。

上图：丹麦物理学家玻尔，创建了量子理论，化学元素铍就是以他的名字命名的。

上图：因科学工作两度获得诺贝尔奖的科学家只有四位，居里夫人就是其中之一。她的女儿伊雷娜也在 1935 年获得了诺贝尔奖，她的两个孩子都成了法国杰出的科学家。

上图：爱因斯坦，摄于 1921 年访问美国首都华盛顿特区时，他获得了这一年的诺贝尔物理学奖。

上图：美国举足轻重的物理学家费曼的纪念邮票，背景为费曼图。

上图：草帽星系（梅西叶104号天体）的一张照片，美国国家航空航天局哈勃空间望远镜2003年摄。

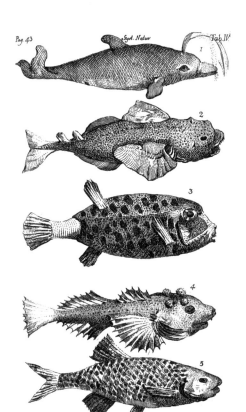

上图：林奈《自然系统》一个较晚版本中的硬骨鱼插图。

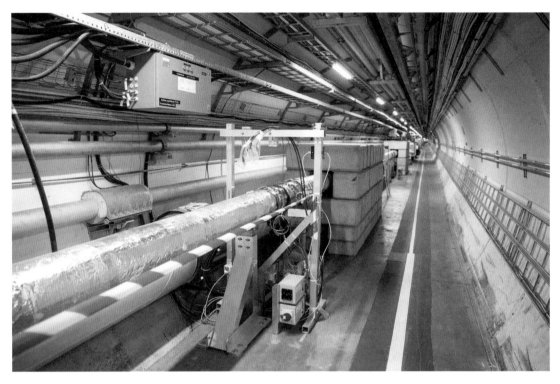

上图：跨越了法国和瑞士边界的大型强子对撞机（LHC）隧道内景。

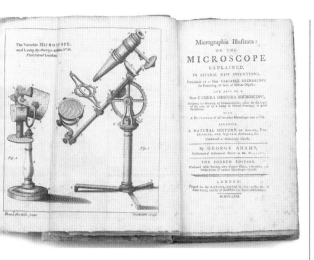

上图：胡克的《显微图谱》大获成功后，大量描述微观世界的图书应运而生，上面这部的作者是伦敦弗利特街的仪器制造商乔治·亚当斯。

上图："科学并不能自外于政治"的漫画。这幅漫画由詹姆斯·吉尔雷作于 1802 年，描绘了英国皇家学会科普讲座的情形。左边有两位政治家正在做气体实验，他们后面手持气瓶的那位，就是研究一氧化二氮的先驱戴维。

致谢

科林·索尔特非常感谢唐纳德·金，在英国苏格兰蒙特罗斯的拉瑟兰学校，金老师教他科学和历史，也让这两门课学起来都很有趣。通过这本关于科学发现史的小书，作者一定程度上也算是报效了师门。金老师播下的吸引力的种子，正在变成累累硕果。科林·索尔特也是"科学之美"系列丛书的作者。